玉米芽种力学特性及钵盘精量播种机理与参数研究

毛 欣 李衣菲 著

哈尔滨工程大学出版社
Harbin Engineering University Press

内容简介

本书选取黑龙江省种植的具有代表性的寒地玉米品种,对其芽种力学特性及芽种植质钵育秧盘精量播种装置进行了深入研究。

全书共十一章,主要包括玉米芽种物理及力学特性研究,玉米芽种精量播种装置囊种机理、性能试验、投种机理研究,投种过程高速摄像观察与分析以及播种性能试验研究等内容。本书的精量播种技术对减少种子浪费、保证出苗率、提高玉米产量具有重要作用,可为实现玉米育秧工厂化、种植全程机械化提供支撑。

本书可作为农业机械化专业及相关专业学生的拓展读物,也可作为相关专业研究人员的参考书。

图书在版编目(CIP)数据

玉米芽种力学特性及钵盘精量播种机理与参数研究/
毛欣,李衣菲著. —哈尔滨:哈尔滨工程大学出版社,2021.10
ISBN 978 – 7 – 5661 – 3162 – 1

Ⅰ.①玉…　Ⅱ.①毛…②李…　Ⅲ.①玉米–种质资
源–研究–中国②玉米–播种机–研究–中国
Ⅳ.①S513.02②S223.2

中国版本图书馆 CIP 数据核字(2021)第 206625 号

玉米芽种力学特性及钵盘精量播种机理与参数研究
YUMI YAZHONG LIXUE TEXING JI BOPAN JINGLIANG BOZHONG JILI YU CANSHU YANJIU

选题策划　刘凯元
责任编辑　张　昕
封面设计　李海波

出版发行　哈尔滨工程大学出版社
社　　址　哈尔滨市南岗区南通大街 145 号
邮政编码　150001
发行电话　0451 – 82519328
传　　真　0451 – 82519699
经　　销　新华书店
印　　刷　北京中石油彩色印刷有限责任公司
开　　本　787 mm × 1 092 mm　1/16
印　　张　12.25
字　　数　290 千字
版　　次　2021 年 10 月第 1 版
印　　次　2021 年 10 月第 1 次印刷
定　　价　55.00 元
http://www.hrbeupress.com
E-mail:heupress@ hrbeu.edu.cn

前　　言

玉米是我国重要的粮食作物、工业原料和优质饲料,在我国粮食生产中的地位举足轻重。黑龙江省是我国主要的玉米产区,玉米年产量居全国之首。本书以具有代表性的黑龙江省寒地玉米品种为研究对象,对芽种的力学特性及与玉米育苗移栽机配套的玉米芽种植质钵育秧盘精量播种装置进行了深入研究,获得了玉米芽种的压缩、剪切、拉伸等力学特性以及松弛与损伤率规律;以实现玉米单粒芽播,减少损伤为目标,针对玉米芽种钵育的农艺要求,以不同品种玉米芽种力学特性为基础,建立了播种装置囊种过程的运动模型和投种过程的理论模型,揭示了播种装置投种过程的玉米芽种的运动规律,并通过试验对理论结果进行修正,确定播种装置的较佳参数。本书的精量播种技术对减少种子浪费、保证出苗率、提高玉米产量具有重要作用,对实现工厂化育秧,促进玉米机械化种植的发展具有重要意义。

本书主要包括以下内容:第1章为引言,介绍了本书研究的目的、意义和国内外研究现状;第2章为玉米芽种物理特性研究;第3章为玉米芽种压缩特性研究;第4章为玉米芽种剪切与拉伸特性研究;第5章为玉米芽种应力松弛与损伤特性研究;第6章为玉米芽种精量播种装置囊种机理研究;第7章为玉米芽种精量播种装置囊种性能试验研究;第8章为玉米芽种精量播种装置投种机理研究;第9章为玉米芽种精量播种装置投种过程高速摄像观察与分析;第10章为玉米芽种精量播种装置播种性能试验研究;第11章为结论。

本书是在黑龙江省自然基金面上项目(E201331)、黑龙江省"百千万"工程科技重大专项支撑行动计划(2020ZX17B01-3)、高等学校博士学科点专项科研基金(20132305110003)、黑龙江省教育厅科学技术研究项目(12531458)等课题资助下,由毛欣、李衣菲共同撰写完成,其中毛欣撰写了第6章、第7章、第8章、第9章和第10章,共计16.9万字,李衣菲撰写了第1章、第2章、第3章、第4章、第5章和第11章,并整理了参考文献,共计10.5万字。

本书在撰写过程中得到了黑龙江八一农垦大学衣淑娟、郭占斌等同事的大力支持,在此致以谢意。著者在书中参考了国内外相关著作、文献等资料,在此一并向所有参考文献的作者,包括因各种原因未列入文献的作者表示最诚挚的感谢。

限于著者研究水平和能力,书中难免存在疏漏与不足之处,恳请广大读者批评指正。

著　者

2021 年 1 月

目　　录

第1章 引 言

1.1 研究的目的和意义

玉米是重要的饲料来源和粮食作物,早年产于拉丁美洲的墨西哥和秘鲁沿安第斯山脉一带。1492 年,继哥伦布在古巴发现玉米后,整个美洲都开始种植玉米,此后玉米又被带到西班牙。玉米在航海业迅速发展的背景下逐渐被传到世界的每个角落,最终成为人类必不可少的粮食作物之一。玉米是营养价值很高的主食,它含有丰富的维生素、脂肪、蛋白质、微量元素、纤维素及多糖等,也是制糖工业、淀粉工业、酿造工业和榨油工业的主要原料,其维生素的含量是水稻、小麦的 5 ~ 10 倍,而维生素具有美容、保护视力、促进钙磷代谢等作用。另外,玉米还含有多种微量元素,如赖氨酸、硒等,人体缺少这些微量元素可导致疾病,玉米的这一特点是其他粮食作物所不能比拟的。此外,玉米还具有预防肿瘤的功效,有些玉米还有通便、降糖、健脾益胃、软化血管、延缓细胞衰老等作用。以玉米为工业原料生产的附加值超过其本身几十倍、化学成分好、成本低的附加产品,广泛用于造纸、医药、食品、纺织等行业。

我国是农业大国,玉米的种植面积和产量居秋粮作物之首,其不仅是"饲料之王",还是重要的工业原料。近几年,我国的玉米无论是播种面积还是总产量都逐年增加,我国玉米与粮食作物播种面积及总产量对比如表 1 - 1 所示。从表中数据可知,2007 年到 2016 年我国玉米平均播种面积 3.40×10^7 hm^2,占粮食作物平均播种面积的 30.74%;平均总产量 1.94×10^8 t,占粮食作物平均总产量的 33.73%。2016 年我国玉米播种面积达到 3.68×10^7 hm^2,占粮食作物播种面积的 32.53%,播种面积居粮食作物之首;总产量为 2.20×10^8 t,占粮食作物总产量的 35.63%,产量居粮食作物之首。可见,玉米生产在我国的农业生产和国民经济中占有十分重要的地位,而且受畜牧业和工业需求增长的拉动,当前我国玉米消费快速增长,这种玉米产需基本平衡的格局将向供求偏紧的方向转变。

表 1-1　我国玉米与粮食作物播种面积及总产量对比

年份	粮食作物播种面积/10^8 hm^2	粮食作物总产量/10^8 t	玉米播种面积/10^7 hm^2	玉米产量/10^8 t	玉米占粮食作物播种面积的百分比/%	玉米占粮食作物总产量的百分比/%
2007	1.05	5.02	2.95	1.52	27.90	30.36
2008	1.07	5.29	2.30	1.66	27.96	31.38
2009	1.09	5.31	3.12	1.64	28.61	30.89
2010	1.10	5.47	3.25	1.77	29.58	32.43
2011	1.11	5.71	3.35	1.93	30.33	33.75
2012	1.11	5.90	3.50	2.06	31.50	34.87
2013	1.12	6.02	3.63	2.18	32.44	36.30
2014	1.13	6.07	3.71	2.16	32.93	35.53
2015	1.13	6.21	3.81	2.25	33.63	36.15
2016	1.13	6.16	3.68	2.20	32.53	35.63
平均	1.10	5.72	3.40	1.94	30.74	33.73

　　黑龙江省是我国重要的商品粮生产基地。黑龙江省有着肥沃的黑土地,作为玉米商品粮主产区,它的种植面积大、自然条件好、单产高,玉米的播种面积居黑龙江省粮食作物首位。玉米也是黑龙江省主要的粮食、工业原料和饲料。因此,为了黑龙江省农业的可持续发展及增加农民收入,黑龙江省玉米生产形式需要优化,进而提高生产效益。近年来,东北地区农民开始从利润较低的大豆等作物的种植转而从事玉米种植,玉米播种面积呈现强劲的上升势头。2009 年,黑龙江省粮食作物播种面积 1.14×10^7 hm^2,其中玉米播种面积 4.01×10^6 hm^2,占粮食作物播种面积的 35.20%,玉米产量 1.92×10^7 t,占粮食作物总产量的 44.11%。2016 年,黑龙江省粮食作物播种面积达到 1.41×10^7 hm^2,其中玉米播种面积 6.44×10^6 hm^2,占粮食作物播种面积的 45.67%,玉米产量 3.13×10^7 t,占粮食作物总产量的 51.65%。目前,黑龙江省已擢升至我国玉米播种面积最大的省份,玉米产量也居全国粮食作物产量之首。

　　黑龙江省的气候特征是无霜期短、温度年变化率大,采用直播方式种植玉米时,春播时低温会影响出苗并使幼苗遭受冷害,而在玉米生长的后期,又常常受到早霜的危害,这些对玉米生产都是极为不利的。采用玉米育苗移栽技术,可以充分保证出苗的质量,而且可以解决苗期干旱影响出苗的问题,可延长生育期一个月以上。育苗移栽技术是近几年推广效果较好的一项种植技术,其具有以下几个特点:①将播种、出苗、选苗及幼苗管理等培育过程提前在基地中进行,可将玉米播种期提前一个月,避开春早冻或秋冻;②改善玉米品质和提高玉米产量;③改套种为移栽,解决套种机械化收获困难的问题。但是玉米移栽技术是一项劳动力密集、劳动强度高、难度大、费工费时的工作。因此,研制机械化配套装置是当前科学研究的关键问题。实现机械化可大大降低劳动强度,并可大幅度提高劳动生产率(为原来的 2~3 倍)。此外,机械化移栽与人工移栽相比,能够减少栽植破损率,保证秧苗在移栽过程中的株距、行距及栽植深度一致。更重要的是,机械化移栽还可以节约时间,扩大移栽面积而不增加人工成本,并避开以上不利因素,为玉米的高产、稳产创造有利条件。

我国旱地主要作物的栽培还是以直播方式为主,但是采用育苗栽植的面积也相当大。我国在 20 世纪 70 年代中期就研制了第一台用于玉米栽植的机械装置,之后又陆续研制、开发和引进了多种适合于蔬菜、烟叶、甜菜等经济作物的栽植机械装置,但均因育苗技术落后、配套性能差、综合效益低等原因,最终未得到推广应用。

玉米芽种从发芽、出苗到移栽这几个阶段,由于芽种脆弱,对外界环境十分敏感,并且芽种是浸泡过的,含水率高,其本身的硬度降低,因此发芽后的玉米芽种比干种子更易受到损伤。玉米芽种损伤会造成以下几种后果:

(1)玉米芽种之间的碰撞与摩擦、挤压与冲击,会影响芽种的成活率,处理不当的玉米芽种会给玉米的播种、全苗、壮苗造成很大影响。

(2)降低了玉米芽种的经济价值。

我国玉米育苗方式主要有营养钵育苗、营养块育苗、穴盘育苗等,其中适合机械化栽植的是穴盘育苗,而且可以实现工厂化育苗,但穴盘育苗需要良好的设施和设备以及较高的管理技术水平。目前我国玉米穴盘育苗的相关设施还不够完善,因此研制与玉米育苗移栽机相配套的钵盘苗制作装置成为玉米育苗栽植技术亟待解决的问题,也是加速我国玉米种植全程机械化的关键问题。

1.2　国内外研究现状

1.2.1　谷物籽粒力学特性国内外研究现状

国外对谷物籽粒的力学特性及物料特性研究起步比较早,并取得了一定的成果。

Zorerb 和 Hall 研究了在含水率有差异的条件下,玉米、豆类、小麦、水稻等作物迟缓的加载特性,确定了含水率、加载速率、温度、物料尺寸和加载位置为物料抗压强度的重要影响因素。Thompson 发现了谷物干燥时会形成损伤,谷物干燥过程中产生的应力裂纹与快速高温干燥相关性很大,在快速高温干燥过程中,谷物力学特征变化很大,干燥时产生的应力越大,应力裂纹越大。玉米籽粒在干燥时,会从其脐部至冠部产生一条裂痕,应力增大,裂痕增多,直至在玉米籽粒表层形成网裂。Bilanski 研究了在压板慢速运动压缩时,不同含水率的玉米籽粒变形与载荷的关系曲线,分析得知黄白齿形(顶陷)玉米籽粒的变形模量和弹性模量等力学性能均受含水率影响,含水率越大,变形模量和弹性模量越小。Liu 等经研究获得了在温度、含水率有差异前提下的大豆及其种皮的黏弹性,并建立了广义麦克斯韦模型,通过压缩、弯曲、应力松弛等试验对大豆子叶的力学性能进行了破坏性试验,测得了压缩强度、拉伸强度及松弛模量等参数。Mohsenin 等利用球形压头进行压缩试验,发现玉米胚乳的应力松弛特性受含水率影响,含水率、时间及温度是影响松弛模量的部分因素。Ekstrom 等发现玉米籽粒由内及外的含水率梯度与温度梯度变化会影响玉米籽粒的应力裂纹。Bilanski 等测得了不同含水率玉米籽粒在慢速平板压缩前提下的载荷 – 变形曲线,玉米籽粒变形受压缩位置和含水率影响,且影响显著。Shelef 和 Mohsenin 等发现黄白齿形玉米的力学性能受含水率影响,且含水率越大,玉米的变形模量和弹性模量等力学参数越小。Mohsenin 通过球形压头对玉米角质胚乳厚片进行压缩试验,得到了在不同含水率条件下玉米角质胚乳的应力松弛性能,其受含水率、时间及温度的影响。Ronald 发现玉米籽粒的不同部分力学性能是不同的,其破裂过程由内及外依次为尖冠、胚、粉质淀粉、角质淀粉、种皮,不同部位所承受的最大冲击力亦不同。Srivastava 等对玉米剪切特性进行了冲击载荷研究,发现玉米的冲击剪切特性和冲击速度与含水率密切相关,水分越大,剪切强度越小,冲击速度越大,剪切强度越大。Gustafson 等运用有限元技术分析了在环境温度发生改变时,玉米籽粒内部的热应力与温度分布,发现裂纹位置与拉应力极相关。Balastreire 等通过试验测得了玉米籽粒断裂韧度分裂值,并通过光学显微镜观察裂纹变化情况,发现裂纹在玉米籽粒的中心部位生成,而后由内及外宽度变窄。Pomeranz 和 Watson 等比较分析了用不同试验机测得的玉米破碎敏感度和硬度的试验结果,这种影响不显著。Litchfield 等将玉米籽粒模拟成黏弹性球体,通过干燥试验,建立了应力模型,得到了玉米籽粒的解析解,随后,又通过核磁共振成像方法测量了应力裂纹,发现在含水率低的区域易出现应力破坏。贾灿纯、曹崇文等通过有限元方法,建立了玉米籽粒内部在干燥过程中的湿应力与热应力的数学模型,并通过此方法在 50 ℃和 75 ℃两个不同干燥温度下,模拟出了玉米籽粒内部最大应力分布规律与应力场分布情况。袁月明等通过对影响玉米籽粒力学性能的相关因素进行试验,发现玉米品种和含水率对各组分的力学性能有显著性影响。朱文学等通过建立四种不同类型的应力裂纹弯折模型,给出了生成元维数,并进行了应力扩展的动力学分析,发现裂纹沿晶扩展需要的扩展力最小,分叉扩展需要的扩展力最大。冯和平、毛志怀等对不同含水率、不同热风干燥温度、内部有无应力裂纹的玉米籽粒的力学特性进行了对比试验研究,发现含水率越低、干燥温度越低籽粒所能承受的破坏载荷越大,且无应力裂纹的籽粒所能承受的破坏载荷大于有应力裂纹的籽粒。刘雪强等通过建立玉米籽粒内部的广义麦克斯韦模型,对玉米在干燥过程中可能出现的应力裂纹原理进行了试验研究,得到了在试验过程中的各种应力分布区域和应力场变化情况。张明学、赵祥涛等通过对寒地玉米的破碎敏感性试验,发现玉米籽粒产生应力裂纹的数量与干燥条件有关,且裂纹越多籽粒破碎率越大。高连兴等利用万能材料试验机对玉米籽粒的压缩、剪切等力学特性进行了研究,发现其力学特性受不同放置方式、不同作用力大小及含水率和品种的影响,且影响较为显著。李心平、高连兴等通过有限元技术分析了玉米籽粒不同部位的应力分布及其微观力学性质,并研究了物料的破损机理,为后续研究做准备。张锋伟对甘肃省常用玉米品种金穗 4 号籽粒进行了抗压、抗剪和硬度等力学特性的测试,发现不同放置方式的玉米籽粒抗剪能力不同,沿纵轴方向上的抗剪能力明显低于沿横轴方向上的抗剪能力,且通过针尖压入试验测得了胚和粉质胚乳的硬度低于角质胚乳。张烨、邹湘军等对黑龙江省、河北省、陕西省等不同地区的玉米品种籽粒进行了物理特性及压缩特性试验,获得了籽粒的长、宽、厚三轴尺寸,并通过万能试验机测定了籽粒破损时的最大破损力及相应的应变变化值,发现玉米籽粒的最大破损力与应变值受含水率影响,并在此基础上,建立了参数模型。黄之斌测得了玉米籽粒剪切强度受剪切面积及籽粒组成成分的影响,剪切面积越大,承受载荷越大,剪切破碎难度越大,且内部成分为角质胚乳的籽粒硬度大于粉质胚乳的籽粒硬度,相应地,剪切时需要的力值大,不易切裂。赵武云对玉米籽粒的物理特性,如三轴尺寸等参数进行了测量,得到其为正态分布的分布规律;对玉米籽粒的剪切、压缩等力学特性进行了试验,对玉米穗进行了压缩、弯曲等力学特性试验,得到了玉米籽粒的力学性能与脱粒力学性能;通过针尖压入法对玉米籽粒内部结构进行了弹性模量与泊松比测定,为以有限元技术为基础的分析提供了可靠数据。周显青采用物性测试仪研究了糙米籽粒的压缩、剪切、弯曲、锥刺等机械破碎力学性能,发现籽粒断裂时,应力裂纹从内部向外扩裂,在锥刺试验中,籽粒破碎力值为 10 N 左右,品种不同的籽粒内部结构结合力相差不大,断裂力大小与籽粒厚度和胚乳特性有关;精米的力学特性小于糙米。程绪铎通过对不同玉米品种籽粒的下落撞击试验,发现下落高度越高籽粒破碎率越大;对撞击后未破损的籽粒进行了静态压缩试验,发现这些籽粒的结构损伤程度随下落高度增加而增大。王树才通过力学试验测定了水稻芽种的物料特性并发现芽种的显著特点为:大小有差异,流动性低、易粘连,芽体易损坏。王树才提出了气吹式排种器是最佳的单粒播种方法,对排种器的设计有参考作用。

1.2.2　芽种力学特性国内外研究现状

国内外对玉米芽种力学特性研究较少,本书以水稻芽种的研究内容与方法为参考,对玉米芽种的力学特性进行了研究,相关研究成果如下。袁月明、于恩中对水稻芽种进行了三轴尺寸、千粒重、休止角、内摩擦角等物理特性的测定,为播种装置排种器提供了设计依据。吴明采用 ANSYS 软件对水稻芽种基体进行了静力有限元分析,模拟出芽种在进行压缩载荷试验时的应力变化,其属于扩散式分布,且破坏由内向外越来越小,有限元模拟结果与试验吻合;以受力 415 N 作为芽种基体的静压载荷的极限,超过这一极限,会破坏水稻芽种的内部生理组织,影响芽种生长;推导出了水稻芽种基体在静压载荷下的数学模型及试验水稻芽种继续生长率与静压载荷回归方程。田先明对湖南省常见水稻品种芽种进行了三轴尺寸、自然休止角、内摩擦角等物理特性的测定,测得芽种三轴尺寸为长 8 ~ 10 mm、宽 2.5 ~ 3.5 mm、厚 2.2 mm,并发现含水率一定、不同品种芽种的自然休止角、内摩擦角相差不大,同一品种、不同含水率芽种的自然休止角、内摩擦角随含水率增加而增大。尚海波对广西主要水稻品种桂香 2 号、特糯 2072、优 I679 在不同含水率、芽长条件下的自然休止角和滑动摩擦角进行了测定;通过对试验数据进行回归分析,建立了含水率、芽长与自然休止角、滑动摩擦角的数学模型,并分析了含水率、芽长对自然休止角、滑动摩擦角的影响,结果表明自然休止角、滑动摩擦角随着含水率、芽长的增加而增加,含水率、芽长对滑动摩擦角的影响大于其对自然休止角的影响。刘海燕为减少芽种在运输、播种过程中的机械损伤,以寒地水稻品种空育 131 为试验材料,对芽种进行了静压力学试验分析,同时,通过对 7 种含水率为 19.07% ~ 37.13% 的芽种,以一定加载速率在平放、侧放和竖放状态下进行压缩,研究了含水率对芽种压缩破损力、破损应力、弹性模量与破坏能各物理机械性质的影响,并建立了各种物理机械特性与含水率之间的回归方程,结果表明,同一含水率下,平放压缩时破损力最大,侧放压缩时次之,竖放压缩时最小。该静压力学性质试验分析结果为机械式精量播种机的播种装置设计提供了依据。陶桂香对黑龙江省常用水稻品种垦鉴稻6、龙粳26、垦稻12和空育131的物理特性进行了研究,得到了芽种的几何尺寸、自然休止角、滑动摩擦角等相关参数。王睿晗、李衣菲对黑龙江省常用水稻品种空育131、垦鉴稻6、垦稻12、龙粳26芽种的几何尺寸、千粒重、滑动摩擦角和自然休止角进行试验,测试分析了相同和不同含水率条件下芽种的物理特性的分布范围和变化趋势,结果表明,芽种长度主要为 6.8 ~ 7.3 mm、宽度主要为 3.5 ~ 4.3 mm、厚度主要为 2.2 ~ 2.8 mm,呈正态分布规律;千粒重分布为 35.9 ~ 41.3 kg;滑动摩擦角分布为 25.2° ~ 34.2°;自然休止角分布为 21.5° 左右。

1.2.3　精密播种装置国内外研究现状

农作物的精密播种能使作物个体发育健壮、群体长势均衡,达到增产增收的目的。精密播种务必通过现代机械工程技术及装备来实现,以保证播下的种子数量、粒距和播深精确。

国内外玉米精密排种器的种类主要分为机械式和气力式两类。

1. 机械式精密排种器的代表性研究成果

1997年,赵清华等利用2BDJ - 6型精密播种机排种器在实验台上对马齿型玉米种子进行了实验,将玉米种子分成 $\phi 6 \sim 8$ mm 及 $\phi 8 \sim 10$ mm 两级后经正交试验得到较优型孔轮的倒角、圆弧底的型孔尺寸及其参数。2003年,廖庆喜等从水平圆盘精密排种器结构和工作原理出发,依据种子几何尺寸分布的特点,统计分析了具有代表特征的大圆、小圆、大扁和小扁四种不同外形的玉米种子囊入型孔的状态特征,从理论上建立了型孔参数设计的数学模型;通过对型孔工作特性的台架试验,应用 Lab Windows CVI 软件编制的排种性能指标统计程序求出了四个品种播种均匀性指标值,并以唐抗5号种子为例,实证了型孔参数数学模型设计的合理性,该模型可作为水平圆盘精密排种器型孔参数的设计依据及根据不同种子类型选择型孔类型的依据。Great Plains Manufacturing 开发的单粒排种器可以改变排种轮以播种多种作物品种。该排种器对于圆形玉米种子排种均匀性较好,但对于扁平玉米种子的均匀排种目前还没有解决。崔和瑞等在完成"内侧充种垂直圆盘精密排种器"中种子运动规律研究的基础上,对种子在充种过程中主要因素的本质联系进行了探讨,建立了多力联合充种力学数学模型;通过力学数学模型的建立和计算机模拟分析,实现了排种器结构参数、型孔尺寸和运动机理参数的优化。夏连明等在种子丸粒化的基础上设计了一种丸粒化玉米种子精密排种器,通过改变排种盘的结构、参数和排种轴转速,将丸粒化后尺寸近似服从正态分布 $N(13.9,0.056\,6)$ 的玉米种子,在排种装置上进行排种性能试验,确定了最佳参数,以满足精密播种的精度和速度要求。于建群等提出并研制了一种具有阶梯形内窝定量孔的玉米精密排种器——组合内窝孔玉米精密排种器,通过试验研究得出,只要适当地选择充填孔和阶梯形内窝定量孔的形状和尺寸,该排种器可对不同品种的玉米种子在不分级的情况下实现精密播种。付威等针对玉米膜上精量点播的技术要求,根据强制夹持原理,提出了一种新型的机械强制夹持玉米精密排种的方法,通过对三种玉米种子的物理力学特性进行测定,以及对取种、投种过程进行深入的理论分析,建立了数学模型,为排种器的结构设计提供依据,并进行台架试验,结果表明该模型满足玉米精密播种要求。

2. 气力式精密排种器的代表性研究成果

气力式精密排种器按排种原理可分为气吸式、气压式和气吹式三类。在欧洲、美国和日本等发达国家,气吸式播种技术已有较大发展,玉米精密播种大多采用气吸式排种装置。国外气吸式排种器大型的较多,播种质量高,且效率高,播种机普遍安装了各种监控装置,有的操作控制已电子化。

在气力式排种理论研究中,流场分析不仅缺乏实验测试的研究,而且理论上也简化为有势流动,如 Allam 及盛江源等都把气吸式排种器的吸孔流场简化为有势流动来分析气流吸力对种子的作用。沈顺成还用罚函数的有限元法分析了锥孔内的气流运动状态,深入探讨了型孔内种子承受的压力和压力分布。陈立东等针对 ZQXP-1 型气吸式玉米排种器以排种盘转速和是否安装导种管为试验因素,在其他条件不变的情况下,研究其对玉米播种性能的影响,为气吸式玉米排种器的设计提供了理论依据。

以 CYCLO 为代表的气压式精密排种器的玉米种子排种均匀性好。气压式排种器靠种子重力和刮种器完成刮种,如美国的哈维斯特公司的 CYCLO-500 型气压式播种机的排种器,其主要由排种滚筒、毛刷刮种器、橡胶卸种轮等部件组成。Snyder 的研究表明,在气压式内侧充种垂直圆盘精密排种器中,由于种子质量很小,种子离心力不是一个重要因素,这个力仅为排种轮气流压力作用在种子上力的 3%。Snyder 也对气力式充种原理进行了研究,他假定型孔的充填精度与排种轮角速度和种子密度有关,并设计了一个模型包括这两个因素,即型孔充填频率与排种轮角速度倒数和平方成正比,但没有得到统计学意义上的包括这两个因素的多项式回归方程。

上述研究中,种子进入型孔时,忽略了种子群的影响,只列出了单个种子的受力方程,并进行分析。马成林等在量纲分析的基础上,取得了充填压对充填层种子的平均作用力模型,并回归实验数据合理地得出了型孔极限速度的公式,初步揭示了气吹式排种器的充种原理。对于气力式排种器,侯宝章忽略型孔端面的气体压力后,利用气流整体流量公式表述的动量定理分析了气流对种子的作用力。钱祖光在考虑型孔内种子受重力、离心力、哥氏力和摩擦力情况下列出了种子进入型孔以后的微分方程,又以 Bernouli 方程分析了型孔内气流的速度和压力,但由于气流流动的复杂性,应用动量定理和 Bernouli 定理分析并不能反映实际情况。刘立晶等对气吸式、指夹式和倾斜勺式三种玉米精密排种器在台架上进行性能对比试验,分析了在不同工作速度下各类型排种器粒距合格指数、重播指数、漏播指数及合格粒距变异系数的变化趋势,得出不同排种器的最佳工作速度。结果表明,随着工作速度的增加,各类型排种器性能均下降,且最佳工作速度不同,其中,倾斜勺式的最佳工作速度为 10 km/h,气吸式和指夹式的最佳工作速度均为 6 km/h 左右。

目前,国内外对穴播技术研究较少,而关于玉米钵盘芽播技术的研究更为少见,主要研究成果如下:2001 年,吉林大学吴文福等研制了一种适于工厂化秧苗生产的 YB – 2000 型简塑秧盘自动精密播种生产线,其由自动填土、自动播种、自动敷土、自动洒水和秧盘输送等装置组成,其主要播种部件为吸种滚筒。实验表明,生产率不高于每小时 720 盘的情况下,大豆和玉米的漏播率和重播率分别为 1.85% ,2.31% ;3.70% ,4.62%。2002 年,宋景玲等研究了一种适用于制钵机育苗生产线中的型孔板刷轮式苗盘精播装置,实现了一次整苗盘播种,该装置精播效率高,播种直径为 9 ~ 15.5 mm 的丸粒化玉米种子的单粒率达到 95% 以上。2004 年,赵镇宏等对 2ZBJ – 50 型制钵机育苗生产线中的型孔板刷轮式苗盘精播装置的刷种轮直径进行了理论分析和设计计算;玉米种子经丸粒化,直径为 9 ~ 15.5 mm,在型孔直径为 16 mm,型孔高度为 10 mm 时,确定刷种轮半径为 37.5 mm;通过试验验证效果良好,单粒率达 95% 上,破碎率小于 3%;利用刷轮式苗盘精播装置活动型孔板回移复位的结构特点,分析了种子顺利排出而不被回位型孔板干涉所需的最少时间,并在此基础上优化设计了固定型孔板型孔的直径。但其所做研究只局限于丸粒后的球形种子。宋景玲等研制了带种钵体的制钵机具,该机具一个工作循环可制 100 个钵体,生产率达每小时 5 000 个,钵体合格率达 95% 以上,钵体在尺寸、形状和强度等方面都能满足高速机械化移栽的要求;通过试验还给出了满足钵体强度且省力的营养土含水量、纤维与土的比例和压缩比。

第2章 玉米芽种物理特性研究

不同玉米品种外形尺寸差异很大,经浸泡催芽后,其物理特性如外形尺寸、千粒重、自然休止角、滑动摩擦角等发生了很大的变化。这些物理特性直接与排种部件发生联系,因此,寻求不同品种玉米芽种的物理特性的变化规律,对确定播种装置工作部件的关键结构——型孔的参数起着决定性的作用。

2.1 试 验 准 备

2.1.1 试验材料和仪器

试验材料:本试验选用了黑龙江省常用玉米品种德美亚1号、龙单47、先玉335、垦沃3、先锋38P05芽种。

试验仪器:锡工牌电子数显游标卡尺、MS-100型水分测定仪、Bevel BOX角度仪、漏斗、木板等。

2.1.2 芽种的制备

本试验根据籽粒形状和适宜地区情况等进行综合考虑,选取了黑龙江省垦区比较常用的几个玉米品种进行研究,分别为德美亚1号、龙单47和先玉335、垦沃3、先锋38P05共五个品种。这几种玉米品种籽粒形状差异较大,具有一定代表性。德美亚1号籽粒呈圆形,龙单47属于偏方圆形且形状不规则,先玉335籽粒呈楔形且偏细长,垦沃3和先锋38P05最接近球形。

随机抽取一定量选定的各品种玉米(种子未做分级处理),将包衣种子放入冷水(10~15 ℃)中浸种6~8 h(或12~20 h,根据籽粒大小而定),沥尽明水。将浸泡的种子放入催芽机内,保湿70%~80%,温度保持在20~25 ℃。经过36~48 h种子胚根伸出,俗称露白。露白1 mm左右时将芽种低温摊平晾干4~6 h,此时含水率经测量为31.6%~36.7%。对制备好的芽种样本进行几何尺寸、千粒重、自然休止角和滑动摩擦角等参数试验,每次试验重复5次,取平均值。研究玉米芽种压缩特性、剪切特性、拉伸特性、损伤特性和应力松弛所需要的芽种均按照此方法进行制备。

各品种玉米的审定编号、选育单位、千粒重、籽粒性状、适宜地区和生长日数及所需积温等情况如表 2 - 1 所示。

表 2 - 1　各品种玉米的主要情况统计

品种	审定编号	选育单位	千粒重/g	籽粒性状	适宜地区	生长日数及所需积温
德美亚 1 号	黑审玉 2004014	KWS SAAT AG	362	硬粒型（圆形）	黑龙江省第四积温带上限	在适应区生长日数为 105 ~ 110 天,需活动积温 2 100 ℃
龙单 47	黑审玉 2009013	黑龙江省农业科学院玉米研究所	280	方圆型	黑龙江省第一积温带	在适应区出苗至成熟生长日数为 126 天左右,需活动积温 2 600 ℃左右
先玉 335	黑审玉 2009006	铁岭先锋种子研究有限公司	343	半马齿型（楔形,偏细长）	黑龙江省第一积温带上限	在适应区出苗至成熟生长日数为 130 天左右,需活动积温 2 680 ℃左右
垦沃 3	国审玉 2015601	北大荒垦丰种业股份有限公司	346	马齿型	黑龙江省第三积温带	在适应区出苗至成熟生长日数为 119 天左右,需活动积温 2 380 ℃左右
先锋 38P05	吉审玉 2004025	铁岭先锋种子研究有限公司	354	马齿型	黑龙江省第三积温带	在适应区出苗至成熟生长日数为 133 天左右,需活动积温 2 450 ℃左右

注:积温指在一定时期内,每日平均温度的和。

2.1.3　含水率的测定

本试验选择的含水率测定仪为上海佳实电子科技有限公司生产的 MS - 100 型水分测定仪。该仪器采用热烘干原理,可自动显示被测物的含水率数值,操作简单,数据稳定、准确。该仪器可测各种谷物的含水率,并具备 RS232 接口,可直接将数据传入电脑中进行储存。MS - 100 型水分测定仪具体参数见表 2 - 2。

表 2 - 2　MS - 100 型水分测定仪具体参数

参数	数值
称重范围/g	0 ~ 110
测量含水率最小质量/g	>1.5(5 g 左右最佳)
测量含水率范围/%	0 ~ 100
含水率分辨率/%	0.01
温度范围/℃	室温至 200

表 2 - 2(续)

参数	数值
温控精度/℃	±1
电压/V	220

2.2 物 理 特 性

2.2.1 玉米芽种的形状和几何尺寸

一般用长、宽、厚这三个参数来描述玉米芽种的几何尺寸,本试验中玉米芽种的几何尺寸也按此方式进行描述。设玉米芽种的几何尺寸为厚度 a、宽度 b、长度 c,如图 2 - 1 所示。

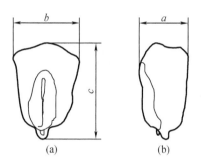

(a)　　　　(b)

图 2 - 1　玉米芽种几何尺寸图

在农业机械实验室用数显游标卡尺(精度 0.02 mm)对五个品种的玉米芽种样品分别随机抽取测量,经统计分析后得出各品种玉米芽种在三维方向的最大值、平均值、最小值和标准差。测量方法如图 2 - 2 所示,具体数值如表 2 - 3 所示。

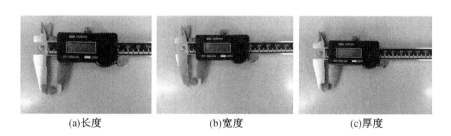

(a)长度　　　　(b)宽度　　　　(c)厚度

图 2 - 2　玉米芽种几何尺寸测量方法

表 2 - 3　玉米芽种几何尺寸统计　　　　　　　　　　　单位:mm

品种	长度 c				宽度 b				厚度 a			
	最大值	平均值	最小值	标准差	最大值	平均值	最小值	标准差	最大值	平均值	最小值	标准差
德美亚1号	13.01	10.82	8.68	0.82	8.78	7.94	6.87	0.36	7.08	5.32	4.20	0.62
龙单47	14.00	11.15	8.84	0.95	10.54	8.70	6.75	0.76	10.43	6.27	4.80	1.34
先玉335	12.43	10.60	8.02	1.05	9.32	7.44	6.08	0.72	7.94	6.06	4.52	1.00
垦沃3	9.87	8.73	6.87	0.94	9.37	7.26	5.56	1.09	7.35	5.63	4.38	0.91
先锋38P05	10.50	9.13	7.38	1.00	8.38	7.55	5.26	0.98	7.28	5.75	5.30	0.97

由表 2 - 3 可知,各品种玉米芽种的长、宽、厚三个方向的几何尺寸均有所差异,且各方向的标准差也各不相同。从几何尺寸上看,几个品种芽种在长度和宽度方向平均值最大的均为龙单 47,最小的均为垦沃 3;厚度方向平均值最大的为龙单 47,最小的为德美亚 1 号。从标准差来看,在长度方向,先玉 335 的标准差最大,为 1.05 mm;在宽度方向,垦沃 3 的标准差最大,为 1.09 mm;在厚度方向,龙单 47 的标准差最大,为 1.34 mm。德美亚 1 号芽种的长、宽、厚方向标准差均相对较小,特别是宽度和厚度方向的标准差只有 0.36 mm 和 0.62 mm。五个玉米芽种的对比图如图 2 - 3 所示。

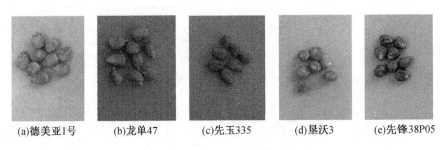

(a)德美亚1号　　(b)龙单47　　(c)先玉335　　(d)垦沃3　　(e)先锋38P05

图 2 - 3　五个玉米芽种的对比图

标准差用来描述个体观察值间的变异程度的大小,即观察值的离散程度。标准差越小,表示观察值围绕均数的波动越小,说明数据越集中;标准差越大,说明数据越分散。由表 2 - 3 的统计数据可知,德美亚 1 号芽种的几何尺寸数据比较集中,个体之间尺寸差异较小,播种精确度应相对其他品种高一些,标准差相对较大的品种播种精度也会相对有所降低。

1. 不同芽长的玉米芽种几何尺寸对比

这里以德美亚 1 号为例,对同一品种、同一含水率、不同芽长的玉米芽种几何尺寸进行对比分析。

图 2 - 4 所示为德美亚 1 号玉米芽种的几何尺寸,在含水率 35.7%、芽长 1 ~ 5 mm 条件下的关系对比图,该图表示的是不同芽长下的长、宽、厚数值的平均值。由图可知,三种芽长的芽种长度均大于宽度,宽度均大于厚度。随着芽长的增加,芽种的几何尺寸均增大。芽长 1 mm 时平均长度为 12.0 mm,芽长 3 mm 时平均长度为 13.5 mm,芽长 5 mm 时平均长

度为 16.4 mm,芽种长度增幅明显。对于不同芽长的芽种宽度,芽长 1 mm 时平均宽度为 9.9 mm,芽长 3 mm 时平均宽度为 9.6 mm,芽长 5 mm 时平均宽度为 10.6 mm,近似为递增趋势,但递增不明显。对于不同芽长的芽种厚度,芽长 1 mm 时平均厚度为 6.3 mm,芽长 3 mm 时平均厚度为 7.0 mm,芽长 5 mm 时平均厚度为 8.9 mm,芽种厚度增加较明显。

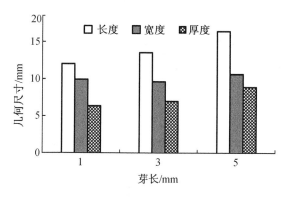

图 2-4 德美亚 1 号玉米芽种的几何尺寸与芽长的关系

2. 不同含水率的玉米芽种几何尺寸对比

这里以德美亚 1 号、垦沃 3、先锋 38P05 玉米芽种为例,对同一品种、同一芽长、不同含水率的玉米芽种几何尺寸进行分析。

图 2-5 所示为德美亚 1 号玉米芽种几何尺寸与含水率的关系,以芽长 1 mm,含水率分别为 15.2%、20.1%、25.6%、30.2%、35.7% 为例,图中参数均为 20 粒芽种参数的平均值。每个含水率下的芽种均为长度大于宽度,宽度大于厚度。由图可知,德美亚 1 号芽长 1 mm 时的芽种长、宽、厚的数值随着含水率的增加而增加,但增幅不大。长度、宽度、厚度的增值分别为 1.5 mm、0.4 mm、0.6 mm。其值最小为含水率 15.2% 时对应的长度、宽度、厚度,分别为 10.5 mm、8.7 mm、5.8 mm;最大为含水率 35.7% 时对应的长度、宽度、厚度,分别为 12 mm、9.1 mm、6.4 mm。

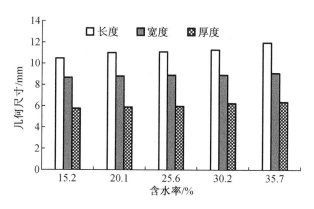

图 2-5 德美亚 1 号玉米芽种几何尺寸与含水率的关系

3. 不同品种的玉米芽种的几何尺寸对比

这里以德美亚 1 号、垦沃 3、先锋 38P05 三个品种为例,对同一含水率、同一芽长、不同品种的玉米芽种的几何尺寸进行分析。

图 2-6 所示为含水率 35.7%、芽长 1 mm 时三个品种玉米芽种的几何尺寸分析图。由图可知,德美亚 1 号芽种长度在三个品种中最大,为 12 mm,先锋 38P05 次之,为 10.87 mm,垦沃 3 最小,为 9.9 mm。芽种宽度最大仍为德美亚 1 号,为 9.1 mm,但厚度最小,仅为 6.4 mm;芽种宽度次之的为垦沃 3,为 9 mm,厚度最大,为 8.6 mm;宽度最小为先锋 38P05,为 8.6 mm,厚度为 7 mm。因此可得垦沃 3 芽种的长宽厚最为接近,即形体最为圆润;其次为先锋 38P05;德美亚 1 号最为扁平,三个参数相差最大。

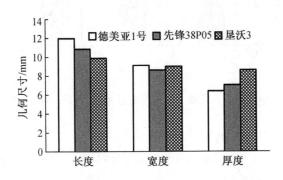

图 2-6　含水率 35.7%,芽长 1 mm 时三个品种玉米芽种的几何尺寸分析图

4. 不同品种玉米干种和芽种的几何尺寸对比

这里选取形状差异较大的玉米干种和芽种,以德美亚 1 号、龙单 47 和先玉 335 三个品种的干种和芽种为例,对长、宽、厚三个方向上的尺寸变化进行了对比分析。

图 2-7(a)所示为三个品种玉米干种和芽种在长度方向上的尺寸对比和芽种尺寸增值对比图。由图可见,各品种干种在长度方向上从大到小排序为德美亚 1 号 > 龙单 47 > 先玉 335;在长度方向上芽种从大到小排序为龙单 47 > 德美亚 1 号 > 先玉 335;发芽后排序有一定变化,说明种子发芽后长度有变化,不同品种种子发芽后长度增值不同。

图 2-7(b)所示为三个品种玉米干种和芽种在宽度方向上的尺寸对比和芽种尺寸增值对比图。由图可见,各品种干种在宽度方向上从大到小排序为龙单 47 > 德美亚 1 号 > 先玉 335;在宽度方向上芽种从大到小排序仍为龙单 47 > 德美亚 1 号 > 先玉 335;发芽后排序虽然没有变化,但不同品种种子发芽后宽度增值不同。

图 2-7(c)所示为三个品种玉米干种和芽种在厚度方向上的尺寸对比和芽种尺寸增值对比图。由图可见,各品种干种在厚度方向上从大到小排序为龙单 47 > 先玉 335 > 德美亚 1 号;在厚度方向上芽种从大到小排序仍为龙单 47 > 先玉 335 > 德美亚 1 号;发芽后排序没有变化,但不同品种种子发芽后厚度增值不同。

图 2-8 所示为三个品种玉米芽种三个方向几何尺寸增长率对比图。三个品种玉米经浸泡催芽后长、宽、厚三个方向尺寸均有所增大,长度方向平均增长 8.25%,宽度方向平均增长 8.32%,厚度方向平均增长 14.58%,其中厚度方向增长率最大。长度方向龙单 47 增

长率最大,为 13.08%;宽度方向龙单 47 和先玉 335 增长率相近,分别为 11.40% 和 11.38%;厚度方向先玉 335 增长率最大,为 19.06%。

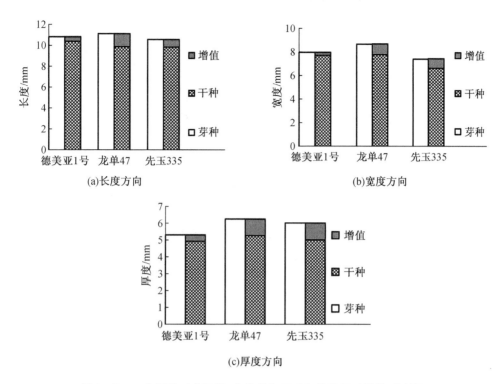

(a)长度方向

(b)宽度方向

(c)厚度方向

图 2-7　三个品种玉米干种、芽种几何尺寸和芽种尺寸增值对比图

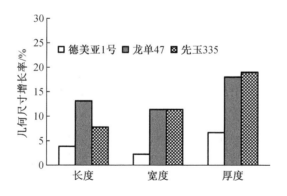

图 2-8　三个品种玉米芽种三个方向几何尺寸增长率对比图

2.2.2　玉米芽种的千粒重

千粒重一般用来表示种子的饱满程度。相对来说,千粒重数值大的种子播种特性相对较好,比千粒重数值小的种子价值要高。千粒重也是计算播种量和研究播种部件机理、确定相关尺寸的一个重要参数。

1. 不同玉米品种干种和芽种的千粒重对比

这里对制备好的三个品种(德美亚1号、龙单47和先玉335)的玉米干种和芽种进行了千粒重的测量,测量结果如图2-9所示。

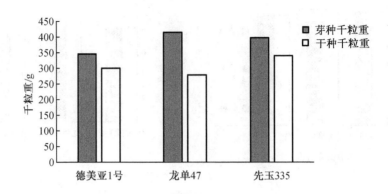

图2-9　玉米干种和芽种的千粒重对比图

由图2-9可知,芽种的千粒重与干种的千粒重并不直接成正比。这是由于不同品种玉米发芽所需的含水率不同,而且当种子发芽时氧气会透过种皮进入种子内部,同时二氧化碳透过种皮排出,种子内部的物理状态发生变化导致质量发生变化。由图可知,芽种的千粒重以龙单47最大,其次为先玉335,而德美亚1号最小。

2. 不同含水率下三个品种的芽种千粒重的对比

在玉米芽种的含水率分别为15.2%、20.1%、25.6%、30.2%、35.7%条件下,三个品种的玉米芽种千粒重的变化规律如图2-10所示。

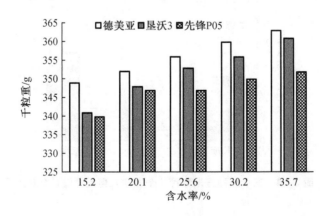

图2-10　不同含水率条件下三个品种的玉米芽种千粒重变化规律

由图可知,三个品种的玉米芽种千粒重随含水率的变化规律相似,均为随含水率的增加而增加。德美亚1号的千粒重在五个含水率下均最大,变化幅度为14.0 g,平均千粒重为356.0 g;其次为先锋38P05,千粒重变化幅度为16 g,平均千粒重为351.8 g;最小为垦沃3,千粒重变化幅度为12.0 g,平均千粒重为347.0 g。

2.2.3 玉米芽种的滑动摩擦角

将种子摊放在某物体的平面上,将平面的一端向上慢慢提起,形成一斜面,逐渐增大该斜面与水平面之间的夹角,当种子在斜面上开始滚动时到绝大多数种子滚落,斜面与水平面之间所形成的角度称为自流角,又称滑动摩擦角。滑动摩擦角是测试种子散落性的指标之一,种子滑动摩擦角的大小,在很大程度上因斜面的性质而异,也在一定程度上受种子的含水率、净度及完整度的影响。

滑动摩擦角与种子自身特性有关。摩擦系数用来表示种子的摩擦特性,在种子播种时与播种部件发生机械作用的过程中产生,并与种子的接触表面状态、含水率和相对移动速度等有关。

1. 滑动摩擦角的测定

在农业机械实验室采用滑动摩擦仪测量三个品种玉米芽种的滑动摩擦角情况,测量用的斜板与型孔板的材料一致,滑动摩擦仪结构图如图2-11所示,具体测量数值如表2-4所示。

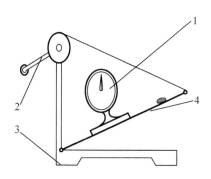

1—角度仪;2—摇臂;3—底盘;4—倾斜板。

图2-11 滑动摩擦仪结构图

表2-4 玉米芽种的滑动摩擦角

品种	滑动摩擦角/(°)
德美亚1号	27.8~42.7
龙单47	25.4~43.6
先玉335	28.5~37.8

由表2-4可知,龙单47由于芽种不够规则,滑动摩擦角范围最大,平均值为34.5°;先玉335芽种的滑动摩擦角范围较小,平均值为33.15°;德美亚1号芽种滑动摩擦角的平均值为35.25°。

2. 不同含水率下三个品种玉米芽种滑动摩擦角的对比

随机选取德美亚1号、先锋38P05、垦沃3,经过发芽处理的芽种的含水率分别为

15.2%、20.1%、25.6%、30.2%、35.7%各100粒,将其放在摩擦角测量装置上测量,板材为聚碳酸酯,与玉米芽种精量播种机型孔板材质相同。试验开始时,轻缓地抬起倾斜板,当大部分芽种滑动时,记下角度仪的读数,即为滑动摩擦角。

三个品种玉米芽种在不同含水率下滑动摩擦角的变化规律如图2－12所示。由图可知,三个品种的玉米芽种的滑动摩擦角均随含水率的增加而增大。德美亚1号的滑动摩擦角为28.20°～39.33°,变化量为11.13°,均值为35.08°;先锋38P05的滑动摩擦角为25.30°～36.00°,变化量为10.07°,均值为32.78°;垦沃3的滑动摩擦角为23.50°～33.00°,变化量为9.5°,均值为29.65°。德美亚1号的滑动摩擦角大于其他两个品种,垦沃3的滑动摩擦角最小。

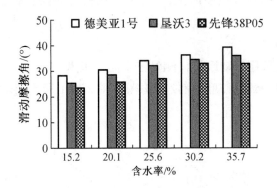

图2－12　三个品种玉米芽种在不同含水率下滑动摩擦角的变化规律

2.2.4　玉米芽种的自然休止角

自然休止角是指当散粒状的物料从一定高度自然并连续下落到某一平面时,所堆积成的正圆锥体素线与底面之间的夹角。自然休止角可反映散粒状物料的内摩擦特性和散落性能。自然休止角越大的物料,内摩擦力越大,散落性越小。当含水率增大时,自然休止角也随之增大。位于圆锥体斜面上的物料,当它的重力沿斜面分力小于或等于物料间的内摩擦力时,物料在斜面上静止不动。

测定芽种的自然休止角,对于设计合理的种箱,解决芽种排种难问题具有重要意义。测量自然休止角的常用方法有注入法、排出法和倾斜法三种,本书采用注入法。

1. 自然休止角的测定

测定时在农业机械实验室采用注入法测量各品种芽种的自然休止角情况,使玉米芽种从容器底部豁口排出,待芽种停止流动后,由角度仪测量自然休止角。具体测量方法如图2－13所示,测量的具体数值如表2－5所示。

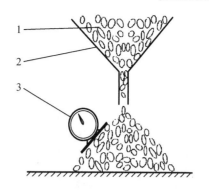

1—种子;2—自制漏斗;3—角度仪。

图 2 – 13 玉米芽种自然休止角的测量方法

表 2 – 5 玉米芽种的自然休止角

品种	自然休止角/(°)
德美亚 1 号	33.7
龙单 47	39.1
先玉 335	33.2

在相同含水率下影响玉米芽种的自然休止角大小的因素主要是芽种的形状和尺寸。芽种的形状越接近于球形,自然休止角越小;芽种越偏扁平、越偏四方,自然休止角越大。按理论来讲,芽种尺寸越小,自然休止角越大,这是由于细小的籽粒之间相互黏附力较大。尽管各品种芽种尺寸存在差异,但相对来说差异不够显著,其对自然休止角的影响很小。

由表 2 – 5 可知,不同品种玉米芽种的自然休止角不尽相同。其中德美亚 1 号和先玉 335 的自然休止角较小,在 33.5°左右;龙单 47 芽种的自然休止角较大,为 39.1°。因此设计种箱时,其四壁与水平面夹角及壁面间的夹角在 40°以上为佳。

2. 不同含水率下三个品种的玉米芽种自然休止角的对比

随机选取德美亚 1 号、垦沃 3、先锋 38P05,经过发芽处理的芽种芽长 1 mm,含水率 15.2%、20.1%、25.6%、30.2%、35.7%的芽种各 100 粒。将其倒入漏斗内,使芽种从漏斗底部排至水平面上,待所有芽种排出,且水平面芽种停止流动后,采用角度仪测量自然休止角。

在不同含水率、相同芽长条件下三个品种玉米芽种的自然休止角的变化规律如图 2 – 14 所示。由图可知,在每一含水率下,玉米芽种自然休止角由大到小的顺序均为德美亚 1 号、垦沃 3、先锋 38P05。芽种的自然休止角受芽种的形状和尺寸影响。芽种的形状越接近球体状,自然休止角越小,越易滑动;芽种三轴尺寸越大,越扁平,自然休止角越大。不同品种的玉米芽种的自然休止角也不尽相同,当含水率增大时,自然休止角也随之增大。含水率为 15.2% ~ 35.7%时,德美亚 1 号的自然休止角为 28.1° ~ 37.5°,变化量为 9.4°,均值为 32.8°;先锋 38P05 的自然休止角为 26.5° ~ 35.6°,变化量为 9.1°,均值为 30.92°;垦沃 3 的自然休止角为 24.5° ~ 34.1°,变化量为 9.6°,均值为 29.3°。玉米芽种育秧的适宜含水率为 35.7%,此时三个品种玉米芽种对应的自然休止角分别为 37.5°、35.6°和 34.1°,其余含水率时,自然休止角均小于含水率35.7%时,滑动所需角度小,因此设计种箱时,其四壁与水平面的夹角在40°最佳,种子易滑落,缩短投种时间,提高投种精度,减少空穴率。

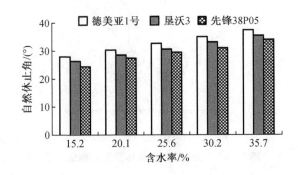

图 2-14　在不同含水率、相同芽长条件下三个品种玉米芽种的自然休止角的变化规律

2.3　小　　结

本章以适宜寒地种植的德美亚 1 号、龙单 47、先玉 335、垦沃 3 和先锋 38P05 共五个玉米品种为研究对象,利用数显游标卡尺、水分测定仪、角度仪等测量仪器对玉米芽种的物理特性进行了测定,结果如下:

1. 几何尺寸

(1)芽种的几何尺寸

五个品种玉米芽种在三个方向的尺寸最大值均为龙单 47,分别为 14 mm 和 10.54 mm、10.43 mm。长度方向最大值垦沃 3 最小,为 9.87 mm;宽度方向最大值先锋 38P05 最小,为8.38 mm;厚度方向最大值德美亚 1 号最小,为 7.08 mm。从标准差来看,在长度方向,先玉 335的标准差最大,为 1.05 mm;在宽度方向,垦沃 3 的标准差最大,为 1.09 mm;在厚度方向,龙单47 的标准差最大,为 1.34 mm。德美亚 1 号芽种的长、宽、厚方向标准差均相对较小,特别是宽度和厚度方向分别只有 0.36 mm 和 0.62 mm。

(2)不同含水率下单个玉米芽种几何尺寸对比

含水率 35.7%,芽长 1~5 mm 的德美亚 1 号芽种,芽种长度均大于宽度,宽度均大于厚度。随芽长增加,德美亚 1 号玉米芽种三轴尺寸皆增大,长、宽、厚增幅分别为 4.4 mm、2.7 mm 和 2.6 mm,分别增至 16.4 mm、10.6 mm 和 8.9 mm。芽长 1 mm,含水率 15.2%、20.1%、25.6%、30.2%、35.7%的德美亚 1 号芽种,随芽种含水率增加,三轴尺寸均增大,增幅为 1.5 mm、0.4 mm、0.6 mm;含水率 35.7% 时,长、宽、厚分别增至 12 mm、9.1 mm 和6.4 mm。

(3)不同品种芽种几何尺寸对比

在含水率 35.7%,芽长 1 mm 的条件下,德美亚 1 号、垦沃 3 和先锋 38P05 三个品种玉米芽种的长、宽、厚平均值无固定变化规律。在长度方向上,德美亚1号最长,为12 mm,但厚度最小,为6.4 mm;垦沃3长度最小,为9.9 mm,厚度最大,为8.6 mm;先锋38P05居中。

(4)干种和芽种的几何尺寸对比

用DPS数据处理系统得出德美亚1号、龙单47、先玉335三个品种玉米干种和芽种在三个方向的最大值、平均值、最小值和标准差。从尺寸上看三个品种玉米芽种在长度和宽度方向平均值最大的均为龙单47,最小的均为先玉335;厚度方向平均值最大的为龙单47,最小的为德美亚1号。从标准差来看,在长度方向,先玉335的标准差最大,为1.05 mm;在宽度方向,龙单47的标准差最大,为0.76 mm;在厚度方向,龙单47的标准差最大,为1.34 mm。德美亚1号芽种的长、宽、厚方向标准差均相对较小,特别是宽度和厚度方向只有0.3 mm和0.6 mm。三个品种玉米干种经浸泡催芽后长、宽、厚三个方向尺寸均有所增大,长度方向平均增长8.25%,宽度方向平均增长8.32%,厚度方向平均增长14.58%,其中厚度方向增长率最大。长度方向龙单47增长率最大,为13.08%;宽度方向龙单47和先玉335增长率相近,分别为11.40%和11.38%;厚度方向先玉335增长率最大,为19.06%。

2. 千粒重

芽种的千粒重与干种的千粒重并不直接成正比。芽种的千粒重以龙单47最大,其次为先玉335,而垦沃3最小。千粒重均随含水率的增加而增大。

3. 滑动摩擦角

龙单47由于芽种不够规则滑动摩擦角范围最大,平均值为34.5°;先玉335芽种的范围较小,平均值为33.15°;德美亚1号芽种动摩擦角的平均值为35.25°。德美亚1号、先锋38P05、垦沃3的滑动摩擦角随含水率的增加而增大。

4. 自然休止角

品种不同玉米芽种的自然休止角也不同,其中德美亚1号和先玉335的自然休止角较小,在33.5°左右;龙单47的自然休止角较大,为39.1°。因此设计种箱时,其四壁与水平面夹角及壁面间的夹角在40°以上为佳。德美亚1号、先锋38P05、垦沃3芽种的自然休止角随含水率的增加而增大。德美亚1号的自然休止角为28.1°~37.5°,变化量为9.4°,均值为32.8°;先锋38P05为26.5°~35.6°,变化量为9.1°,均值为30.92°;垦沃3为24.5°~34.1°,变化量为9.6°,均值为29.3°。

第3章　玉米芽种压缩特性研究

本章利用 CTM2050 微机控制万能拉压试验机,对玉米品种德美亚 1 号、垦沃 3 和先锋 38P05 进行了静态压缩破损试验,测得了不同含水率、不同品种、不同放置方式的玉米芽种破裂时的力学特性,分析了弹性模量、应力应变、破坏能、抗压强度的变化规律。

3.1　试验材料和方法

3.1.1　试验材料

试验材料:德美亚 1 号、垦沃 3 和先锋 38P05 玉米芽种,含水率分别为 15.2%、20.1%、25.6%、30.2%、35.7%,制备方法同第 2.1.2 节。

试验仪器:CTM2050 微机控制万能拉压试验机、计算机挤压压头、数码相机等。

3.1.2　试验方法

CTM2050 微机控制万能拉压试验机原理示意图如图 3-1 所示,实体图如图 3-2 所示。试验在准静态挤压状态下进行,CTM2050 微机控制万能拉压试验机,在作业时能实现计算机自动控制和数据自动采集,可测定玉米芽种破损时的最大静压力,也就是利用固定在试验机上的测力传感器测定玉米芽种的抗压峰值。玉米芽种的压缩试验放置方式分为平放、侧放、立放三种,试验用压缩夹具如图 3-3 所示,在三种放置条件下,研究芽种的压缩特性曲线,数据采集程序设定如图 3-4 所示。

试验时,研究在含水率不同、芽长不同、品种不同的条件下,芽种承受压缩载荷 – 位移、应力 – 应变及品种、含水率与弹性模量、破坏能、等压缩特性的关系,用 DPS 数据处理系统,对试验数据进行了分析,以了解北方常用玉米种植品种的特点。试验时,上压缩板静止不动,下压缩板以 25 mm/min 的速度缓缓向上运动。上压缩板的压头接触到玉米芽种时电子显示屏开始记录,当玉米芽种因受力过大而破裂时,压力骤减而自动停机,此时记录状态停止,记录电脑屏幕上的各个数据,每个含水率重复 20 次,求平均值和方差,从而评估在该含水率下此品种玉米芽种的压缩破损特性。每次试验应保证选择品种芽种的体积、形态大致相同,测量含水率后放置在密封袋中保存。试验时将玉米芽种放置在压头中心,在立放和侧放时用镊子轻轻夹住,保证玉米芽种在中心位置被压缩。

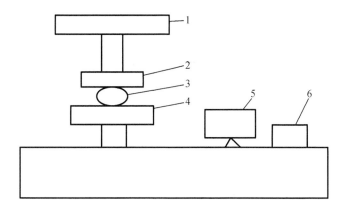

1—横梁;2—传感器;3—物料;4—底座;5—计算机;6—打印机。

图3-1 CTM2050 微机控制万能拉压试验机原理示意图

图3-2 万能拉压试验机实体图

图3-3 压缩夹具

图3-4 玉米芽种压缩特性研究数据采集程序设定

3.2 结 果 分 析

3.2.1 单个玉米芽种压缩特性分析

从已做不同含水率德美亚 1 号的压缩试验中,选取具有普遍性和代表性的芽种图像(含水率 35.7%、芽长 1~2 mm),分析其在不同放置方式时压缩载荷－位移、应力－应变曲线,得到芽种在压缩过程中的变化规律。其中,破坏载荷为挤压试验过程中,发生宏观结构破坏变形曲线上的第一个峰值,破坏应力为物料在载荷作用下,发生宏观结构损伤时的接触点的最大应力。记录以下载荷与应力,待后续分析使用。

1. 单个玉米芽种的平放压缩特性分析

图 3－5 所示为德美亚 1 号芽种芽长 1 mm、含水率 35.7%、平放时的压缩载荷－位移曲线。由图可知,在位移 0.35 mm 前,曲线呈缓慢增长状态,力有小部分增长,变化为 0~11.45 N。随后,随着位移继续增加,压缩载荷增速逐渐加快,载荷增加幅度较均匀,在 1.52 mm 处,压缩载荷达到最大值,227.48 N,玉米芽种被压碎,位移与载荷的变化近似成正比。利用 DPS 数据分析系统对芽种平放时压缩特性数据进行拟合,得到玉米芽种平放时压缩载荷与位移的关系曲线,其符合逻辑斯蒂模型,表示式为 $y = \dfrac{c_1}{1 + e^{c_2 + c_3 x_1}}$,拟合曲线为 $y = \dfrac{272.158\,4}{1 + e^{3.774\,9 + 3.522\,3 x_1}}$,决定系数为 0.998 5。将试验按此种方法重复 20 次,取得玉米芽种破坏前的最大载荷值的平均值,为 206.36 N,破坏曲线与此图基本一致。

德美亚 1 号芽种芽长 1 mm、含水率 35.7%、平放时的应力－应变曲线如图 3－6 所示。从图中可以看出,应变在 0.07 以前增长缓慢,在 0.08 以后,应力随着应变的增加而快速增加。应变为 0~0.07 时,应力由 0.07 MPa 增加到 0.46 MPa。应变为 0.07~0.253 时,应力由 0.24 MPa 增加到 4.73 MPa,增幅为 4.49 MPa。在应变为 0.253 时,应力达到最大值 4.73 MPa。利用 DPS 数据分析系统对单个玉米芽种基体数据进行拟合,得到芽种的应力－应变的关系曲线,其符合 Morgan Mercer Florin 模型,表示式为 $y = \dfrac{c_1 c_2 + c_3 x^{c_4}}{c_2 + x^{c_4}}$,拟合曲线为 $y = \dfrac{0.218\,679 \times 0.011\,869 + 7.828\,3 x^{2.945\,6}}{0.012\,96 + x^{2.945\,6}}$,决定系数为 0.999 4。

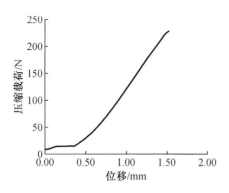

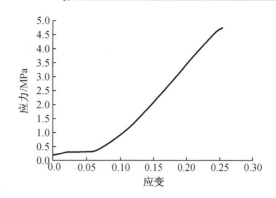

图 3-5　德美亚 1 号芽种平放时的
压缩载荷-位移曲线

图 3-6　德美亚 1 号芽种平放时的
应力-应变曲线

2. 单个玉米芽种的侧放压缩特性分析

德美亚 1 号芽种芽长 1 mm、含水率 35.7%、侧放时的压缩载荷-位移曲线如图 3-7 所示,由图可知:芽种侧放时,随着位移的增加,压缩载荷逐渐增加,载荷增幅较均匀,在 2.45 mm 处,压缩载荷达到最大值 67.06 N,芽种破碎,此载荷是芽种侧放时承受的最大载荷值,随着位移继续增加,载荷快速下降。利用 DPS 数据分析系统对芽种侧放时压缩数据进行拟合,得到玉米芽种侧放时压缩载荷与压缩位移的关系曲线,其符合 Peal-Reed 模型,表示式为 $y = \dfrac{c_1}{1 + c_2 \mathrm{e}^{-(c_3 x + c_4 x^2 + c_5 x^3)}}$,拟合曲线为 $y = \dfrac{238\ 005.299\ 7}{1 + 40\ 988.3 \mathrm{e}^{-(1.387x + 0.166\ 952x^2 + 0.136\ 5x^3)}}$,决定系数为 0.986 2。将试验按此种方法重复 20 次,取得玉米芽种破坏前的最大载荷值的平均值,为 66.299 3 N,破坏曲线与图 3-7 基本一致。

德美亚 1 号芽种芽长 1 mm、含水率 35.7%、侧放时的应力-应变关系如图 3-8 所示。从图中可以看出,应力随应变增大而增大,且类似正比增加。应变为 0.408 时,应力最大,为 1.68 MPa。此时芽种断裂,力瞬间减小,万能试验机的传感器感受到变化,应力值骤然减少。在芽种断裂前的应力变化为 1.68 MPa,此即芽种所能承受的最大应力。

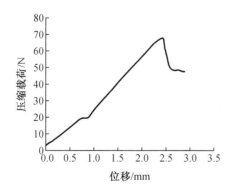

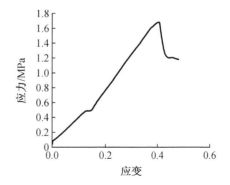

图 3-7　德美亚 1 号芽种侧放时的
压缩载荷-位移曲线

图 3-8　德美亚 1 号芽种侧放时的
应力-应变曲线

利用 DPS 数据分析系统对单个玉米芽种基体数据进行拟合,得到玉米芽种的应力 – 应变关系曲线,其符合 Bertalanffy 模型,表示式为 $y = \left[c_1^{(1-c_4)} - c_2 e^{(-c_3 x)} \right]^{(1-c_4)}$,拟合曲线为 $y = \left[24\,946\,9^{(1-0.024\,48)} - 26.982\,8 e^{(-0.292\,3x)} \right]^{(1-0.024\,48)}$,决定系数为 0.999 6。

3. 单个玉米芽种的立放压缩特性分析

图 3 – 9 所示为德美亚 1 号芽种芽长 1 mm、含水率 35.7%、立放时的压缩载荷 – 位移曲线。由图可以得到,在达到最大载荷值前,曲线呈凹函数增长,没有波动点。位移为 3.68 mm 时,载荷值最大,为 31.51 N,图中载荷最大值为芽种断裂分界点。位移超过 3.68 mm 后,芽种断裂,所受载荷迅速减小,试验结束。玉米芽种立放时压缩载荷与位移的关系曲线符合 Yield Density 模型,表示式为 $y = \dfrac{1}{c_1 + c_2 x + c_3 x^2}$,拟合曲线为 $y = \dfrac{1}{0.489\,6 + 0.260\,2x + 0.037\,33x^2}$,决定系数为 0.973 9。将试验按此种方法重复 20 次,取得玉米芽种破坏前的最大载荷值的平均值,为 50.6 N。破坏曲线与图 3 – 9 基本一致。

德美亚 1 号芽种芽长 1 mm、含水率 35.7%、立放时的应力 – 应变曲线如图 3 – 10 所示。从图中可以看出,应力随应变增大呈凹函数增大,且类似正比增加。应变为 0.301 时,应力最大,为 0.92 MPa,此时芽种断裂,力瞬间减小,试验结束。在芽种断裂前的应力变化为 0.86 MPa,即芽种所能承受最大应力为 0.92 MPa。

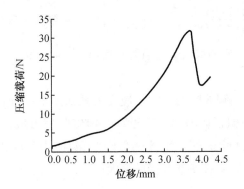

图 3 – 9　德美亚 1 号芽种立放时的
压缩载荷 – 位移曲线

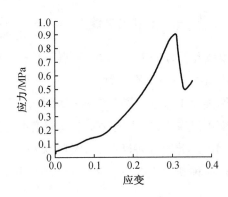

图 3 – 10　德美亚 1 号芽种立放时的
应力 – 应变曲线

利用 DPS 数据分析系统对单个玉米芽种基体数据进行拟合,得到芽种的应力 – 应变关系曲线,其符合 Yield Density 模型,表示式为 $y = \dfrac{1}{c_1 + c_2 x + c_3 x^2}$,拟合曲线为 $y = \dfrac{1}{17.153 + 109.275\,5x + 188.135\,0x^2}$,决定系数为 0.973 9。

3.2.2　弹性模量等压缩特性分析

1. 弹性模量、破坏能、抗压强度压缩特性指标定义

（1）弹性模量 E（MPa）

弹性模量的计算公式为

$$E = \sigma/\varepsilon \tag{3-1}$$

式中　E——弹性模量，MPa；

　　　σ——应力，MPa；

　　　ε——应变。

（2）破坏能 W（N·mm）

破坏能是物料在压缩载荷作用下，变形试验曲线上的破坏力点以前的曲线与变形轴所围成的面积，表示为

$$W = \int_0^{\Delta D_F} F\mathrm{d}D \tag{3-2}$$

式中　F——试验破坏点处作用力值，N；

　　　ΔD_F——试验载荷变化区间上限，对其积分即为破坏能；

　　　$\mathrm{d}D$——试验载荷变化范围微分，即试验相邻采集点处变形差。

（3）抗压强度 p（MPa）

抗压强度是外力施压力时的强度极限，表示为

$$p = F/A \tag{3-3}$$

式中　p——抗压强度，MPa；

　　　F——压力，N；

　　　A——剖面面积，mm^2。

2. 含水率对压缩力学指标的影响

本章对玉米芽种在平放、立放与侧放的静压力试验条件下，分析含水率对其压缩载荷、弹性模量、破坏载荷、破坏能、抗压强度等压缩特性的影响，以比较芽种在不同受力部位下的破损难易程度。

（1）玉米芽种平放时含水率对压缩力学指标影响

在不同含水率、同一芽长条件下，以德美亚1号为例进行了压缩试验，得到了在平放条件下，压缩载荷与位移关系曲线，如图3-11所示。由图可知，在平放条件下，随着压缩位移的增加，压缩载荷增加，但是增加的幅度不同，在低含水率时，压缩载荷的增加幅度略大于高含水率时的压缩载荷增幅。在含水率15.2%时，位移在1.23 mm处，芽种籽粒破碎，压缩载荷为209.99 N；在含水率25.6%时，位移在1.56 mm处，芽种籽粒破碎，压缩载荷209.77 N；在含水率35.7%时，位移在1.64 mm处，芽种籽粒破碎，压缩载荷189.77 N。可见，在一定芽长条件下，含水率增加，芽种承受载荷的能力降低，压缩位移增大，籽粒破碎需要的时间变长，这表明含水率较大时芽种的韧性较大。

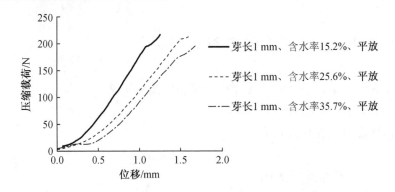

图 3 - 11　不同含水率、同一芽长条件下压缩载荷与位移关系曲线

试验通过对同一芽长的压缩试验数据分析,得到了芽种含水率对弹性模量、破坏能、破坏载荷、抗压强度的影响,如图 3 - 12 至图 3 - 15 所示。

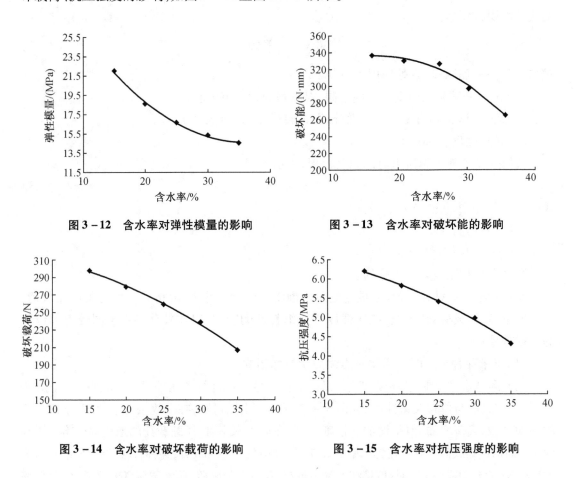

图 3 - 12　含水率对弹性模量的影响　　　　图 3 - 13　含水率对破坏能的影响

图 3 - 14　含水率对破坏载荷的影响　　　　图 3 - 15　含水率对抗压强度的影响

利用 DPS 数据处理系统对曲线进行回归分析,得到含水率对玉米芽种平放压缩特性的影响分析,如表 3 - 1 所示。

表3－1　含水率对玉米芽种平放压缩特性的影响分析

压缩特性	回归模型	相关系数 R^2
弹性模量/MPa	$y = 0.016\ 5x^2 - 1.188\ 1x + 36.013$	0.997 3
破坏能/(N·mm)	$y = -5.305\ 7x^2 + 14.222x + 327.19$	0.982 0
破坏载荷/N	$y = -0.078\ 3x^2 - 0.517\ 6x + 321.6$	0.997 2
抗压强度/MPa	$y = -0.001\ 6x^2 - 0.010\ 8x + 6.7$	0.997 2

由表3－1可知,含水率对破坏载荷、弹性模量、破坏能和抗压强度的影响很大,采用多项式回归拟合的相关系数均在0.98以上,其中破坏载荷、弹性模量和抗压强度的回归模型拟合度均在0.99以上,说明回归方程拟合较好,数值变化有规律,可用于进行常规判断。由图3－12、图3－13、图3－14得到破坏载荷、弹性模量和抗压强度的大小变化趋势大体一致,均随含水率的增加而减小。图3－12中弹性模量随含水率的变化为凹函数,变化量为1.25 MPa,每个数值的间隔度基本一致。图3－14和图3－15中破坏载荷、抗压强度随含水率的变化为凸函数,变化量分别为80.7 N和1.22 MPa。图3－13中,破坏能随含水率的增加而减小,对曲线拟合后得到相关系数 $R^2 = 0.982\ 0$,数值间隔基本一致。

(2)玉米芽种侧放时含水率对压缩力学指标影响

试验在不同含水率、同一芽长条件下,以德美亚1号为例进行了压缩试验,得到了侧放条件下,压缩载荷与位移关系曲线,如图3－16所示。由图可知,在侧放条件下,随着压缩位移的增加,压缩载荷增加,但是增加的幅度不同,在低含水率时,压缩载荷的增加幅度略大于高含水率时的压缩载荷。在含水率15.2%时,位移在1.89 mm处,芽种籽粒破碎,压缩载荷95.07 N;在含水率25.6%时,位移在2.33 mm处,芽种籽粒破碎,压缩载荷82.64 N;在含水率35.7%时,位移在2.41 mm处,芽种籽粒破碎,压缩载荷67.00 N。可见,在一定芽长条件下,随着含水率增加,芽种承受载荷的能力降低,压缩位移增大,籽粒破碎需要的时间加长,表明含水率较大时芽种的韧性较大。通过对同一芽长的压缩试验数据分析,得到芽种含水率对弹性模量、破坏能、破坏载荷和抗压强度的影响,如图3－17至图3－20所示。

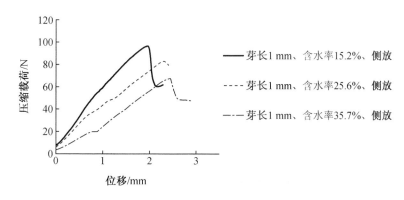

图3－16　不同含水率、同一芽长条件下压缩载荷与位移关系曲线

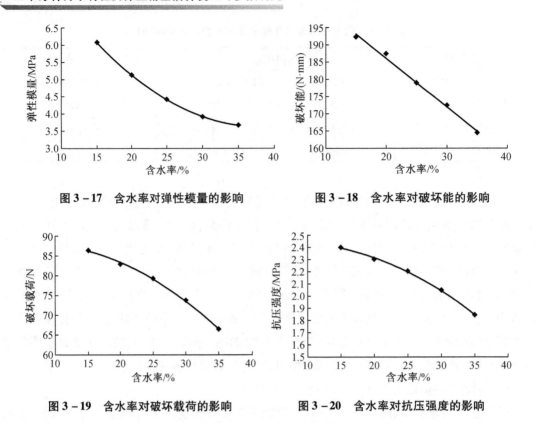

图 3 - 17　含水率对弹性模量的影响　　　图 3 - 18　含水率对破坏能的影响

图 3 - 19　含水率对破坏载荷的影响　　　图 3 - 20　含水率对抗压强度的影响

利用 EXCEL 数据分析系统对试验进行回归拟合,得到玉米芽种侧放时含水率对压缩力学指标的影响分析,如表 3 - 2 所示。

表 3 - 2　玉米芽种侧放时含水率对压缩力学指标的影响分析

压缩特性	回归模型	相关系数 R^2
弹性模量/MPa	$y = 0.004x^2 - 0.348x + 10.26$	0.999
破坏能/(N·mm)	$y = -1.409x + 214.1$	0.994
破坏载荷/N	$y = -0.028x^2 + 0.423x + 86.05$	0.998
抗压强度/MPa	$y = -0.000\,1x^2 + 0.011x + 2.390$	0.998

由表 3 - 2 可知,含水率对破坏载荷、弹性模量、破坏能和抗压强度的影响很大,曲线变化明显。采用多项式回归拟合的相关系数均在 0.99 以上,说明回归方程拟合较好,数值变化有规律,可用于进行常规判断。由图 3 - 17、图 3 - 19、图 3 - 20 得到弹性模量、破坏载荷和抗压强度的大小变化趋势大体一致,均随含水率的增加而减小,且为多项式回归。图 3 - 18 中破坏能的回归模型为线性。图 3 - 17 中,弹性模量随含水率变化为凹函数,变化量为 2.405 MPa。图 3 - 19、图 3 - 20 中曲线变化为凸函数,变化量分别为 19.992 4 N 和 0.555 3 MPa。

(3)玉米芽种立放时含水率对压缩力学指标影响

试验在不同含水率、同一芽长条件下进行,以德美亚 1 号芽种为例,得到了立放条件下压缩载荷与位移关系曲线,如图3-21所示。由图可知,在立放条件下,随着压缩位移的增加,压缩载荷增加,但是增加的幅度不同,在低含水率时,压缩载荷的增加幅度大于高含水率时的压缩载荷。在含水率15.2%时,位移在3.1 mm处,芽种籽粒破碎,压缩载荷66.75 N;含水率25.6%时,位移在2.85 mm处,芽种籽粒破碎,压缩载荷46.87 N;在含水率35.7%时,位移在3.55 mm处,芽种籽粒破碎,压缩载荷30.2 N。可见,在一定芽长条件下,含水率增加,芽种承受载荷的能力降低,压缩位移增大,籽粒破碎需要的时间加长,表明含水率较大时芽种的韧性较大。立放时,含水率较低时芽种承受载荷的能力大于高含水率条件下芽种的承受载荷的能力。

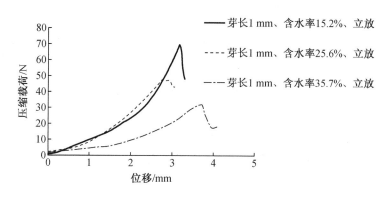

图3-21 不同含水率、同一芽长条件下压缩载荷与位移关系曲线

芽种含水率对弹性模量、破坏能、破坏载荷和抗压强度的影响如下:

通过对同一芽长玉米芽种的压缩试验分析,得到芽种含水率对弹性模量、破坏能、破坏载荷和抗压强度的影响,如图3-22至图3-25所示;利用EXCEL数据分析系统对曲线进行回归拟合,得到玉米芽种立放时含水率对压缩力学指标的影响分析,如表3-3所示。

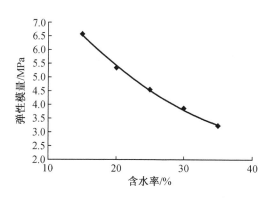

图3-22 含水率对弹性模量的影响

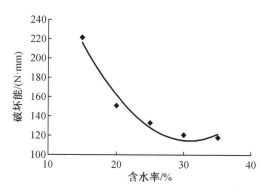

图3-23 含水率对破坏能的影响

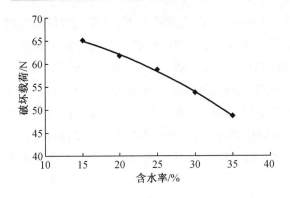

图 3 - 24　含水率对破坏载荷的影响

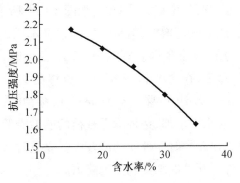

图 3 - 25　含水率对抗压强度的影响

表 3 - 3　　玉米芽种立放时含水率对压缩力学指标的影响分析

压缩特性	回归模型	相关系数 R^2
弹性模量/MPa	$y = 0.003\ 7x^2 - 0.348\ 1x + 10.909$	0.997 7
破坏能/(N·mm)	$y = 0.401\ 5x^2 - 24.805x + 497.4$	0.968 8
破坏载荷/N	$y = -0.015\ 4x^2 - 0.046\ 3x + 69.096$	0.998 3
抗压强度/MPa	$y = -0.000\ 5x^2 - 0.001\ 5x + 2.303\ 2$	0.998 3

由表 3 - 3 可知,含水率对弹性模量、破坏能、破坏载荷和抗压强度的影响很大,曲线变化明显。采用多项式回归拟合的相关系数均在 0.96 以上,说明回归方程拟合较好,数值变化有规律,可用于进行常规判断。由图 3 - 22、图 3 - 24、图 3 - 25 得到弹性模量、破坏载荷和抗压强度的大小变化趋势大体一致,均随含水率的增加而减小,且为多项式回归模型,相关系数较高,分别为 0.997 7,0.998 3,0.998 3。图 3 - 23 中破坏能的回归模型也为多项式,但回归系数不是很好,为 0.968 8,说明曲线变化规律不如其他三者。图 3 - 22 中弹性模量随含水率变化为凹函数,变化量为 3.3 MPa。图 3 - 24、图 3 - 25 中曲线变化为凸函数,变化量分别为 16.43 N 和 0.55 MPa。

通过上述玉米芽种籽粒的三种放置方式(平放、侧放、立放)的试验数据可知,每种放置方式的玉米芽种的压缩载荷均随位移的增加而增大,说明压头压得越深,传感器获得的载荷(即实际载荷)越大。平放受压时,破损峰值最大(即玉米芽种籽粒难以破碎),侧放次之,立放最小。对于同一放置方式的玉米芽种,压缩载荷随含水率的增加而减小,说明含水率越大芽种韧性越差,越易破裂。含水率对其他压缩力学指标的影响也极为显著,弹性模量、破坏能、破坏载荷和抗压强度的数值均随含水率增加而减小。三种放置条件下,弹性模量的变化趋势均为凹函数,平放的弹性模量为侧放和立放弹性模量的 3.56 倍,侧放的弹性模量与立放的弹性模量基本类似,为 6.3 MPa 左右。三种放置条件下,破坏能的变化趋势不一致,平放时为凸函数,侧放时近似为直线,立放时为凹函数,侧放的芽种破坏能最小,为 192 N·mm 左右,平放最大,为 340 N·mm 左右,较立放大 120 N·mm 左右。破坏载荷与抗压强度变化一致,为凸函数,平放时的抗压强度是侧放和立放时的 2.6 倍,侧放、立放时抗压强度基本一致。三种放置条件下,除破坏能的回归系数外其他都在 0.99 以上,说明模型可靠、规律,可用于进行常规分析。

3.2.3 品种对压缩力学指标的影响

不同品种的玉米芽种内部结构必然不同,因此为了提高玉米产量,须对不同品种压缩特性进行比较研究。本书对黑龙江省垦区常用的三个玉米品种在同一含水率、同一放置方式、同一芽长的条件下,进行了对比试验,通过对不同品种玉米芽种的压缩特性研究,找到了不同品种与压缩特性之间的联系。由于不同品种芽种的放置方式对回归分析有很大影响,因此本书仅对玉米芽种平放时品种对压缩力学指标的影响进行了研究,如表3-4所示。

表3-4 玉米芽种平放时品种对压缩力学指标的影响

指标	德美亚1号	垦沃3	先锋38P05
弹性模量/MPa	21.50	10.50	9.6
破坏能/(N·mm)	332.60	235.30	221.4
破坏载荷/N	206.30	112.90	105.6
抗压强度/MPa	4.29	2.35	2.2

由表3-4可知,不同品种玉米芽种的压缩力学性能有很大差异,原因可能与玉米芽种的籽粒形状和内部结构有关。由表可知,德美亚1号的弹性模量、破坏能、破坏载荷、抗压强度均最大,垦沃3次之,先锋38P05最小。压缩数值越小,说明籽粒越易发生破坏,籽粒越软。因此可知,德美亚1号芽种最为坚硬,最不易破碎。德美亚1号的弹性模量和抗压强度基本为垦沃3和先锋38P05的2倍,垦沃3与先锋38P05基本一致,德美亚1号玉米芽种的破坏能高出垦沃3和先锋38P05 100 N·mm左右,垦沃3和先锋38P05基本一致,说明垦沃3和先锋38P05内部结构相似。

此外,玉米芽种芽长(1 mm、3 mm、5 mm)对其弹性模量、破坏能、破坏载荷、抗压强度也有一定影响。但由于玉米的种植不需要芽长过长,因此在此不做详细表述。简而言之,随着玉米芽长的增加,玉米芽种内部营养物质不断被消耗,玉米芽种变"软",各个压缩力学指标均减小,芽种籽粒韧性小、易破损。

3.3 小 结

1.单个玉米芽种压缩特性

德美亚1号芽种平放压缩时,压缩载荷与位移关系曲线为一条先平稳后上升的曲线,在1.52 mm处,芽种籽粒被破坏,最大载荷为227.48 N,应力与应变变化曲线和载荷与位移类似,应力最大值为4.73 MPa。芽种侧放时,载荷位移曲线先增加后骤减,在2.45 mm处,压缩载荷达到最大值,67.06 N,应力随应变增大而增大,且类似正比增加。应变为 0.408 时,应力最大为 1.68 MPa。芽种立放,位移为 3.68 mm 时,压缩载荷最大,为 31.51 N,立放时应力与应变关系为应力随应变增大而增大,且类似正比增加,应变为 0.301 时,应力最大为 0.92 MPa。

2. 不同放置方式含水率对芽种压缩特性的影响

以德美亚 1 号为例,玉米芽种平、侧、立放置时,在不同含水率条件下,芽种随着压缩位移增大,压缩载荷增大。随含水率增加,芽种承受载荷的能力降低,压缩位移变大,籽粒破碎需要的时间加长。弹性模量、破坏能、破坏载荷、抗压强度也均随含水率的增加而减小,并且含水率对其他压缩特性的影响极为显著。

3. 不同品种玉米芽种对压缩特性的影响

不同品种芽种的压缩力学指标差异很大,德美亚 1 号芽种的弹性模量、破坏能、破坏载荷、抗压强度均为最大,垦沃 3 次之,先锋 38P05 最小。德美亚 1 号芽种的弹性模量和抗压强度基本为垦沃 3 和先锋 38P05 的 2 倍,垦沃 3 与先锋 38P05 基本一致。德美亚 1 号芽种的破坏能高出垦沃 3 和先锋 38P05 100 N·mm,垦沃 3 和先锋 38P05 基本一致。因此,垦沃 3 和先锋 38P05 的内部结构相似。此外,玉米芽种芽长(1 mm、3 mm、5 mm)对其弹性模量、破坏能、破坏载荷、抗压强度也有一定影响。

第4章 玉米芽种剪切与拉伸特性研究

4.1 试验材料和方法

4.1.1 试验材料

试验材料:德美亚 1 号、先锋 38P05、垦沃 3 的包衣玉米种子,并将种子制备成芽种(见第 2.1.2 节),放置于密闭环境中,等待试验。

试验仪器:CTM2050 微机控制万能拉压试验机,剪切、拉伸夹具。

4.1.2 试验方法

1.剪切试验方法

利用 CTM2050 微机控制万能拉压试验机进行试验,剪切夹具如图 4-1 所示。试验时,将玉米芽种放在 CTM2050 微机控制万能拉压试验机下压板的中心位置上,将剪切刀置于玉米芽种基体的中间部位和芽体中间部位,并保持刀面与水平面垂直。设定试验台运行参数,准备进行试验。试验过程中,剪切下压头会在万能试验机的带动下以固定速度向上运动。通过准备试验和查阅文献,试验速度 10 mm/min。停止加载后,用 CTM2050 微机控制万能拉压试验机的采集数据系统记录破坏载荷的变化规律,并对数据进行处理分析,试验过程重复 20 次,取平均值。具体试验参数设定如图 4-2 所示。

图 4-1 剪切夹具

图 4 - 2　玉米芽种剪切测试试验参数

2. 拉伸试验方法

试验前需制样，由于玉米芽种外表较为光滑，质脆并且湿润，在进行拉伸试验时试样经常从夹持部位发生断裂，这给拉伸试验带来很大困难。因此要成功进行拉伸试验首先要解决的就是芽体的夹持问题。通过试验发现，10 mm 芽长取其下部 3 ~ 4 mm，用医用胶布将其与牙签固定，即在试样外部包裹一层保护层，将胶布和芽接触的部分一起卡入上夹具，如图 4 - 3，这样处理是为了增大摩擦力和增加保护，从而防止试验时试样夹持部分的滑移和断裂。

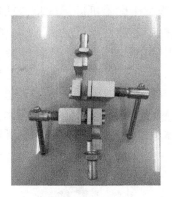

图 4 - 3　拉伸夹具

试验采用 CTM2050 微机控制万能拉压试验机，选取与其配备的拉伸夹具，试验设定参数如图 4 - 4 所示。将玉米芽种的基体固定在下夹具上，芽体固定在上夹具上，保证玉米芽种的芽体与基体在同一垂直于水平面的直线上。试验开始，下夹具在驱动装置的带动下以 15 mm/min 的速度向下运动，上夹具力的传感器记录数据，试验重复 20 次，取平均值。

图4-4 玉米芽种拉伸测试试验参数

4.2 结 果 分 析

4.2.1 玉米芽种的剪切特性分析

1.单个玉米芽种基体与芽体剪切特性分析

（1）芽种基体的剪切特性

选取德美亚1号芽种基体,在含水率20.8%、芽长1 mm、水平放置的条件下进行剪切试验。试验得到的剪切载荷－位移、位移－时间、应力－应变关系曲线如图4-5至图4-7所示。

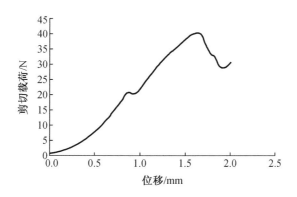

图4-5 玉米芽种基体剪切载荷－位移曲线

由图 4 - 5 所示的玉米芽种基体剪切载荷与位移曲线可以看出,随着剪切时位移的增大,载荷也增大。当位移达到 0.8 mm 时,曲线出现小幅波动。波动前,曲线近似为凹函数,即载荷的增量大于位移增量;波动后,曲线近似为凸函数,即位移的增量大于载荷的增量。随着试验继续进行,当位移达到 1.63 mm 时,出现最大载荷值,为 40 N,此载荷值是玉米芽种基体剪切时所承受的最大力并出现切裂。而后,随着变形的增加,载荷减小。利用 DPS 数据分析系统对单个玉米芽种基体数据进行拟合,得到芽种的剪切载荷与位移的关系曲线,其符合韦布尔函数模型,表示式为 $y = c_1 [1 - e^{-(\frac{x_1-c_2}{c_3})^{c_4}}]$,剪切载荷与位移拟合曲线为 $y = 35.0012 [1 - e^{-(\frac{x_1-1.4125}{2.3617})^{6.8665}})$,决定系数为 0.974。

由图 4 - 6 所示的玉米芽种基体时间与位移曲线可以看出,时间与位移的变化关系近似为一条直线,单个玉米芽种剪切时间约为 8 s,位移量为 2 mm,此时芽种基体被切裂。利用 DPS 数据分析系统对单个玉米芽种基体数据进行拟合,得到芽种的时间与位移的关系曲线,其符合 Log - Modified 函数模型,表示式为 $y = (c_1 + c_3 x_1)^{c_2}$,拟合曲线为 $y = (0.198 + 10.1936 x_1)^{0.68706}$,决定系数为 0.9992。

由图 4 - 7 所示的玉米芽种基体剪切应力 - 应变曲线可以看出,应变在 0.11 处出现小幅波动,在 0.11 以前,应力随着应变的增加而增加。应变在 0.1 ~ 0.2 时,应力由 0.4 MPa 增加到 0.84 MPa,增加幅度为 0.44 MPa。应变为 0.204 时,应力达到最大值 0.84 MPa,玉米芽种基体出现破裂,之后随着应变的增加,剪切应力逐渐减小,应变为 0.2 ~ 0.24 时,应力由 0.84 MPa 减小到 0.6 MPa,下降了 0.24 MPa,直至基体断裂。利用 DPS 数据分析系统对单个玉米芽种基体数据进行拟合,得到芽种的应力与应变的关系曲线,其符合 Peal - Reed 函数模型,表示式为 $y = \dfrac{c_1}{1 + c_2 e^{-(c_3 x + c_4 x^2 + c_5 x^3)}}$,拟合曲线为 $y = \dfrac{0.02}{1 + 1.0591 e^{-(0.4768 x + 0.1196 x^2 + 75.1904 x^3)}}$,决定系数为 0.9642。

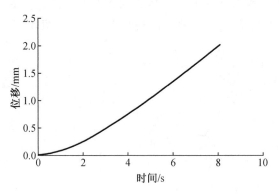

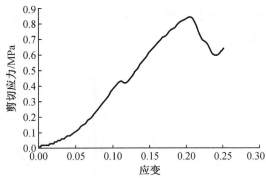

图 4 - 6　玉米芽种基体位移 - 时间曲线　　图 4 - 7　玉米芽种基体剪切应力 - 应变曲线

(2)芽种芽体的剪切特性

选取德美亚 1 号玉米芽种,芽体含水率 20.8%,芽长 1 ~ 3 mm,进行剪切试验,得到剪切载荷 - 位移、剪切位移 - 时间、应力 - 应变曲线,如图 4 - 8 至图 4 - 10 所示。

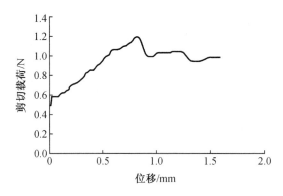

图4-8　玉米芽种芽体剪切载荷-位移曲线　　　图4-9　玉米芽种芽体剪切位移-时间曲线

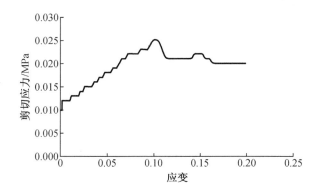

图4-10　玉米芽种芽体剪切应力-应变曲线

由图4-8所示的玉米芽种芽体的剪切载荷-位移曲线可知,曲线的起点不是零点,这是由于在试验开始时设置的起始力为0.5 N,以防止芽体在定位块上打滑,对试验曲线造成影响,故当施加的载荷大于0.5 N时才开始记录试验曲线。玉米芽种芽体在断裂前,随着位移的增加,剪切载荷也逐步增加,且不平稳,位移在0.83 mm时,出现最大载荷值,为1.19 N,此时芽体在逐步断裂,这也是芽体所能承受的最大剪切载荷;破裂后的芽体随着位移的增加,承受载荷逐渐减小,位移为0.83~0.97 mm时,剪切载荷快速减小,由1.19 N变为0.97 N,下降了0.22 N;随着位移的持续增加,剪切载荷下降幅度不大,曲线变化平缓,直至芽体断裂。利用DPS数据分析系统对单个玉米芽种芽体数据进行拟合,得到芽体的剪切载荷与位移的关系曲线,其符合二次函数模型,表示式为$y = c_1 + c_2 x_1 + c_3 x_1^2$,芽种剪切载荷与位移的拟合曲线为$y = 0.0502 + 1.1615 x_1 + 0.5825 x_1^2$,决定系数为0.9328。

由图4-9所示的玉米芽种芽体的剪切位移时间-曲线可以看出,时间与位移的变化关系近似为一条直线,单个玉米芽种芽体的剪切时间约为6.8 s,位移量为1.59 mm。利用DPS数据分析系统对单个玉米芽种芽体数据进行拟合,得到玉米芽种芽体的剪切位移与时间的关系曲线,其符合Peal-Reed模型,表示式为$y = \dfrac{c_1}{1 + c_2 e^{-(c_3 x + c_4 x^2 + c_5 x^3)}}$,拟合曲线为$y = \dfrac{0.021516}{1 + 1.0591 e^{-(0.476804 x - 0.119596 x^2 + 0.018230 x^3)}}$,决定系数为0.9341。

由图 4 – 10 所示的玉米芽种芽体的剪切应力 – 应变曲线可以看出,曲线起始点为 0.010 MPa,应变在 0.104 处出现第一次波峰,即为此次试验最大剪切应力,0.025 MPa;在 0.104 以前,应力随着应变的增加而增加,应变为 0 ~ 0.104 时,剪切应力增幅为 0.015 MPa,此时玉米芽体出现破裂,随着位移的增加,应力逐渐减小,应变为 0.104 ~ 0.19 时,应力由 0.025 MPa 减小到 0.020 MPa,下降了 0.005 MPa,直至芽体断裂。利用 DPS 数据分析系统对单个玉米芽种芽体的数据进行拟合,得到玉米芽种芽体的剪切应力与应变的关系曲线,其符合二次函数模型,表示式为 $y = c_1 + c_2 x_1 + c_3 x_1^2$,拟合曲线为 $y = 0.057 + 1.140\ 3 x_1 + 0.582\ 5 x_1^2$,决定系数为 0.932 5。

2. 玉米芽种基体不同条件下的剪切特性

(1)同一含水率、不同芽长条件下玉米芽种基体剪切载荷变化规律

图 4 – 11 所示是德美亚 1 号玉米芽种在芽长分别为 1 ~ 2 mm、3 ~ 4 mm、5 ~ 6 mm,含水率分别为 15.6%、20.8%、25.6%、31.3%、36.4% 条件下的剪切载荷变化关系曲线。

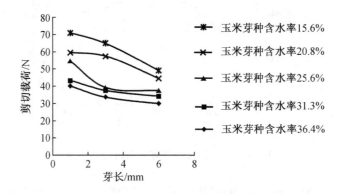

图 4 – 11　玉米芽种基体剪切载荷随芽长变化关系曲线

由图 4 – 11 可以看出,在同一含水率下,玉米芽种基体的剪切力随着芽长的增加而减小,这是由于随着玉米芽种芽体的生长,玉米籽粒内部的营养成分均转移到芽种的芽体上,内部物质密度减小,因此在剪切时,刀头所受的阻力减小,表现在外部则为剪切载荷减小。另外,在同一含水率下,芽长 1 ~ 6 mm 时,剪切载荷的变化范围最大的是含水率 15.6% 时,变化幅度为 21.76 N,剪切载荷的变化幅度最小的含水率是 36.4% 时,变化幅度为 9.141 N。从剪切过程中可得,当含水率为 15.6% 时,剪切刀接触玉米芽种基体瞬间,玉米芽种基体很快破裂成两半;而含水率为 36.4% 时,玉米芽种基体的表现却很不一样,剪切刀深深挤入玉米芽种基体中,其不发生崩裂,因此含水率高的玉米芽种基体比含水率低的玉米芽种基体韧性好、强度低。

(2)同一芽长、不同含水率条件下玉米芽种基体剪切载荷变化规律

图 4 – 12 所示是德美亚 1 号芽种在芽长分别为 1 ~ 2 mm、3 ~ 4 mm、5 ~ 6 mm,含水率分别为 15.6%、20.8%、25.6%、31.3%、36.4% 条件下,芽种基体剪切载荷与含水率的变化关系曲线。玉米芽种基体的剪切特性与其含水率密切相关,随着含水率的增大,最大破坏载荷明显减小,相应的变形增加。含水率越高,剪切时需要的外力越小,即越容易被破坏,玉

米芽种的芽长较长,需要的剪切载荷较芽短时小,变化幅度芽长 1 mm 时为 30.2 N,3 mm 时为 31.5 N,6 mm 时为 19.8 N。

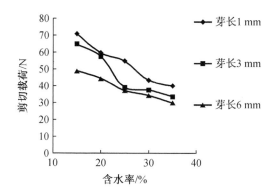

图 4 - 12 不同芽长玉米芽种基体剪切载荷随含水率的变化关系曲线

(3)同一含水率、不同芽长条件下玉米芽种基体的剪切应力变化规律

图 4 - 13 所示是德美亚 1 号芽种在同一含水率、不同芽长条件下,芽种基体剪切应力与芽长的变化关系曲线。由图可知,同一含水率、不同芽长的剪切应力随芽长增加有递减趋势。含水率为 15.6%、20.8%、31.3%、36.4% 的玉米芽种基体的剪切应力曲线类似直线下滑,而含水率为 25.6% 的玉米芽种类似凹函数下滑。随着芽长的增加,含水率依次增加,应力的变化幅度分别为 0.310 9 MPa、0.192 8 MPa、0.247 MPa、0.130 5 MPa 和 0.145 MPa,变化幅度最大的为含水率 15.6% 时,最小的为含水率 31.3% 时。

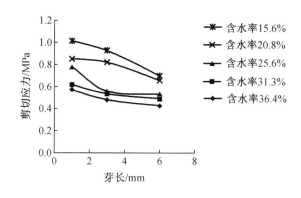

图 4 - 13 玉米芽种基体剪切应力随芽长变化关系曲线

(4)同一芽长、不同含水率条件下玉米芽种基体的剪切应力变化规律

图 4 - 14 所示是德美亚 1 号芽种在同一芽长、不同含水率条件下,芽种基体剪切应力与含水率的变化关系曲线。由图可知,含水率对玉米芽种基体的力学性能影响较大。随着含水率的增加,相同芽长的玉米芽种基体剪切应力随芽长增加逐渐递减。当玉米芽种基体含水率较高时,基体的特性类似于塑性材料,特性偏弹性,柔韧性较好,不易断裂;当玉米芽种基体的含水率较小时,其特性趋近于脆性材料,特性偏塑性,柔韧性减弱,脆性增强,易断

裂。芽长为 1 mm 和 6 mm 的玉米芽种基体的剪切应力曲线类似斜线下滑,而芽长为 3 mm 的玉米芽种基体的剪切应力曲线类似凹函数下滑。随着含水率的增加,三种芽长的玉米芽种基体的剪切应力变化幅度,芽长 1 mm、3 mm、6 mm 时分别为 0.440 9 MPa、0.445 8 MPa 和 0.275 MPa,芽长 3 mm 时剪切应力变化幅度最大,6 mm 时最小。

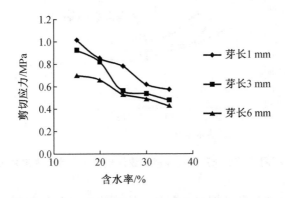

图 4−14　玉米芽种剪切应力随含水率变化关系曲线

(5)玉米芽种基体与芽体的剪切载荷对比

图 4−15 所示是德美亚 1 号芽种在含水率 20.8%、芽长 6 mm 时,芽种基体和芽体的剪切载荷对比图。由图可知,玉米芽种基体的剪切载荷变化较芽体的剪切载荷变化明显,基体的剪切载荷有明显上升、下降趋向,而芽体的剪切载荷变化小,剪切时需要的载荷较基体小很多。一次剪切结束,基体的剪切位移为 2.01 mm,在 1.66 mm 处出现最大载荷值,而芽体的剪切位移为 1.59 mm,剪切载荷大小浮动在 1 N 左右。芽体剪切载荷的最大值为 1.1 N,而基体剪切载荷最大值已达到 40 N,是芽体的 36 倍。

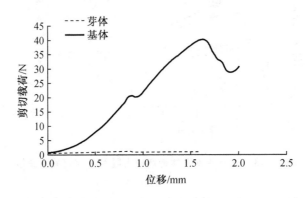

图 4−15　玉米芽种基体和芽体的剪切载荷对比图

3. 不同品种的玉米芽种基体与芽体的剪切特性分析

(1)不同品种的玉米芽种基体的剪切特性

图 4−16 所示是三个玉米品种在含水率 36.4%、芽长 1 mm 条件下,芽种基体的剪切特性分析。由图可知,三个品种的剪切载荷均随位移的增大而增加,且曲线伴有轻微波动,这

是由于在剪切过程中,玉米芽种基体对刀头有阻力,且剪切速度较慢,因此刀头在剪切时时而行进,时而停止,所以曲线会出现微小上升和下滑的现象。三个品种的剪切载荷-位移曲线,在载荷达到最大值后骤然下降,说明玉米芽种即将断裂,刀头入口处不受阻力。图中显示,德美亚1号芽种能承受的剪切载荷最大,为36.8 N;其次为先锋38P05,最小的为垦沃3,分别为24.3 N 和19.3 N。

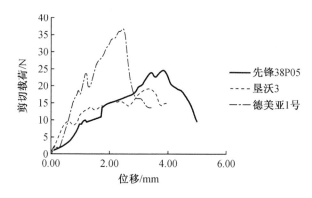

图4-16 三个玉米品种芽种基体的剪切特性分析

(2)不同品种的玉米芽种芽体的剪切特性

图4-17 所示是三个玉米品种芽体在芽长 10 mm 左右、含水率 36.4% 条件下,芽体的剪切载荷特性分析。由图可知,随着位移的增加,剪切载荷逐渐增大,芽体破裂后剪切载荷快速下降。最大值为 1～1.2 N,德美亚1号的最大剪切载荷大于垦沃3 和先锋 38P05,三个玉米品种芽体的剪切载荷最大值相差不大。德美亚1号芽种芽体在位移 1.75 mm 时(即刀头切入芽体 1.75 mm 时)断裂,先锋 38P05 芽种芽体的断裂位移与德美亚1号相近,为 1.68 mm,垦沃3 最小,为 0.75 mm,说明垦沃3 的芽种芽体的脆性最大,易断裂。

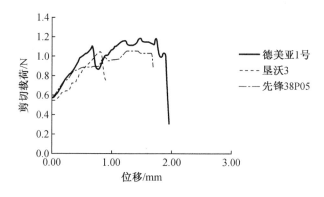

图4-17 三个玉米品种芽种芽体的剪切载荷特性分析

4. 含水率对玉米芽种基体剪切强度和剪切模量的影响

玉米芽种基体的其他剪切特性为剪切强度和剪切模量。

剪切强度的计算公式为

$$\tau = F_{max}/A \qquad (4-1)$$

式中　τ——剪切强度,MPa;

　　　F_{max}——最大剪切载荷,N;

　　　A——玉米芽种基体的横截面积,mm^2。

剪切模量的计算公式为

$$E = \sigma/\varepsilon \qquad (4-2)$$

式中　E——剪切模量,MPa;

　　　σ——应力 MPa;

　　　ε——应变。

选择德美亚1号的玉米芽种基体为研究对象,在加载速度为 10 mm/min,含水率分别为 15.6%、20.8%、25.6%、31.3%、36.4% 的条件下进行试验,得到不同条件下玉米芽种基体的剪切强度与剪切模量,如表 4-1 所示。

表 4-1　不同含水率、芽长 1 mm 玉米芽种基体的剪切强度与剪切模量

含水率/%	剪切强度/MPa	剪切模量/MPa
15.6	1.008 6	2.919 9
20.8	0.847 8	2.699 6
25.6	0.777 6	2.267 8
31.3	0.616 9	1.878 3
36.4	0.568 1	1.657 0

由表 4-1 可知,德美亚 1 号玉米芽种基体在剪切时,不同含水率、同一芽长的剪切强度和剪切模量随含水率的增大而减小。当含水率为 15.6% 时,玉米芽种基体的剪切强度变化为 0.698 1 ~ 1.008 6 MPa,剪切模量变化为 2.024 9 ~ 2.919 9 MPa;当含水率为 20.8% 时,玉米芽种基体的剪切强度变化为 0.655 2 ~ 0.847 8 MPa,剪切模量变化为 1.951 3 ~ 2.699 6 MPa;当含水率为 25.6% 时,玉米芽种基体的剪切强度变化为 0.530 1 ~ 0.777 6 MPa,剪切模量变化为 1.547 6 ~ 2.267 8 MPa;当含水率为 31.3% 时,玉米芽种基体的剪切强度变化为 0.486 4 ~ 0.616 9 MPa,剪切模量变化为 1.418 5 ~ 1.878 3 MPa;当含水率为 36.4% 时,玉米芽种基体的剪切强度变化为 0.423 1 ~ 0.568 1 MPa,剪切模量变化为 1.310 6 ~ 1.657 0 MPa。

运用 EXCEL 软件对以上剪切特性在不同含水率和不同芽长条件下的剪切强度和剪切模量进行单因素方差分析,结果如表 4-2 和表 4-3 所示。

表 4 − 2 含水率对剪切强度的单因素方差分析

差异源	平方和	自由度	均方	F	P	F_c
组间	1.675 650	4	0.418 912	56.273 99	1.33×10^{-10}	2.866 081
组内	0.148 883	20	0.007 444			
总计	1.824 533	24				

在表 4 − 2 中，F_c 是显著性水平为 0.05 时 F 临界值，也就是从 F 分布表中查到的 $F_{0.05}(4,20)$ 的值。由表可得 $F > F_c$，因此可判定，含水率对剪切强度有显著影响，且 $P \leqslant 0.01$，说明含水率对试验指标影响极显著（ ＊ ＊ ）。因此，可得含水率对玉米芽种基体的剪切强度有显著影响，是一个显著性影响因素。

表 4 − 3 含水率对剪切模量的单因素方差分析

差异源	平方和	自由度	均方	F	P	F_c
组间	10.177 030	4	2.544 259	11.806 22	4.36×10^{-5}	2.866 081
组内	4.310 032	20	0.215 502			
总计	14.487 070	24				

按以上分析方法判断，由表 4 − 3 可得含水率对剪切模量有显著影响。

此外，通过对不同玉米芽种基体的剪切强度、剪切模量的分析，得到：先锋 38P05 的剪切强度平均值在 0.38 MPa 左右，剪切模量平均值在 1.2 MPa 左右；垦沃 3 的剪切强度平均值在 0.34 MPa 左右，剪切模量在 0.9 MPa 左右。

4.2.2 玉米芽种芽体拉伸特性分析

1. 单个玉米芽种芽体拉伸特性

图 4 − 18 所示是德美亚 1 号芽种芽体在含水率 24.8%、芽长 10 mm 条件下，玉米芽种芽体拉伸载荷 − 位移关系曲线。由图 4 − 18 可知，试验开始后，为防止芽种打滑，当载荷达到设定的预加载荷 0.5 N 时，计算机系统才开始采集数据并绘制曲线。在玉米芽种芽体的拉伸过程中，前部分载荷与位移呈线性关系，表明玉米芽种的芽体具有弹性性质，在 0.52 mm 处出现最大载荷值，此载荷是芽体拉伸时所能承受的最大值，为 2.17 N。在达到最大值之前，曲线有些微小的锯齿状波折，这是由于在拉伸过程中，夹头未夹紧造成的微小滑移，而曲线的整体变化趋势及最大破坏载荷却没有明显的变化。试验过程中，难免出现滑移、夹裂等现象引起曲线失真，但是引起的只是位移方向的滑移，并没有影响最大拉伸载荷和位移。在位移 0.52 mm 处以后，载荷迅速减小。试样在加载载荷过程中，无明显强化与屈服阶段，当载荷达玉米芽种芽体所能承受的最大极限时，可听到微小的断裂声，破坏现象属于典型的脆断破坏模式，表明玉米芽体属于脆性材料弹性体。利用 DPS 数据分析系统对芽体拉

伸数据进行拟合,得到芽体拉伸时拉伸载荷与位移的关系曲线,其符合 Peal – Reed 函数模型,

表示式为 $y = \dfrac{c_1}{1 + c_2 e^{-(c_3x + c_4x^2 + c_5x^3)}}$,拟合曲线为 $y = \dfrac{2.326\ 6}{1 + 4.563\ 9 e^{-(17.591x + 56.131\ 5x^2 + 75.190\ 4x^3)}}$,决定系

数为 0.993 3。将试验按此种方法重复 20 次,取得玉米芽种芽体被破坏前的最大拉伸载荷值

的平均值,为 1.565 N,其他含水率条件下的平均破坏载荷下文有述,破坏曲线与图 4 – 18 基本

一致。

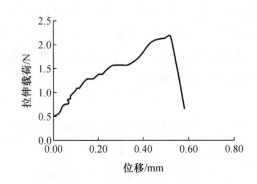

图 4 – 18　玉米芽种芽体拉伸载荷 – 位移关系曲线

2. 含水率对玉米芽种芽体拉伸载荷、抗拉强度、剪切模量的影响

对含水率为 21.2%、24.8%、30.1%、35.2% 的德美亚 1 号玉米芽种芽体进行拉伸试

验,得到不同含水率玉米芽种芽体的最大拉伸载荷、抗拉强度和剪切模量,如表4 –4所示。

表 4 – 4　不同含水率玉米芽种芽体拉伸特性数据

含水率/%	德美亚 1 号		
	最大拉伸载荷/N	抗拉强度/MPa	剪切模量/MPa
21.2	1.67	0.133	3.91
24.8	1.57	0.125	3.52
30.1	1.23	0.098	3.10
35.2	1.11	0.088	2.97

(1)不同含水率玉米芽种芽体的拉伸载荷

图 4 – 19 所示为玉米芽种芽体不同含水率拉伸载荷特性,可见芽体的最大拉伸载荷随

着含水率的增加而趋于减小。这是由于含水率的存在使得玉米芽种芽体中大分子组织塑

性提高,拉伸所需的力相对减小。另外,含水率为24.8% ~30.1%时,拉伸载荷的变化幅度

较大,为 0.339 N。含水率为 21.2% ~24.8%、30.1% ~35.2%时,拉伸载荷变化幅度较平

缓,分别为 0.108 N、0.121 N。含水率为 21.2% ~ 35.2% 时,芽体最大拉伸载荷变

化为 0.568 N。

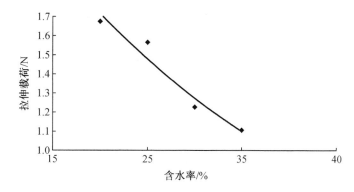

图 4 - 19　玉米芽种芽体不同含水率拉伸载荷特性

（2）不同含水率玉米芽种芽体的拉伸强度

图 4 - 20 所示是德美亚 1 号芽种芽体在含水率不同、芽长相同条件下的拉伸强度特性。由图 4 - 20 可以看出，同一品种在不同含水率条件下，芽体的抗拉强度随着含水率的增大而减小，这与最大拉伸载荷随含水率的变化趋势一样。含水率 24.8% ~30.1% 时拉伸强度的变化幅度较大，为 0.027 MPa；含水率 21.2% ~24.8%、30.1% ~35.2% 时变化幅度较平缓，分别为 0.008 MPa、0.01 MPa；含水率为 21.2% ~35.2% 时，芽体最大拉伸强度变化幅度为 0.045 MPa。

（3）不同含水率玉米芽种芽体的剪切模量

图 4 - 21 所示是德美亚 1 号芽种芽体在不同含水率条件下的剪切模量特性。剪切模量是材料的重要性能参数，是衡量材料抵抗弹性变形能力大小的尺度。由图 4 - 21 可以看出，不同含水率下芽体的剪切模量随着含水率的增大而减小，这与最大拉伸载荷随含水率的变化趋势一样。含水率为 21.2% ~35.2% 时剪切模量变化近似一条直线，变化幅度为 1 MPa。

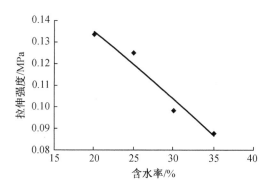 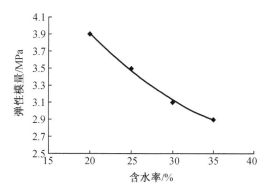

图 4 - 20　玉米芽种芽体不同含水率拉伸强度特性　　**图 4 - 21　玉米芽种芽体不同含水率剪切模量特性**

不同含水率回归分析如表 4 - 5 所示。

表 4 – 5   不同含水率回归分析

拉伸特性	回归模型	相关系数 R^2
剪切模量/MPa	$y = 0.002x^2 - 0.178x + 6.67$	0.996 6
破坏载荷/N	$y = -0.000\ 1x^2 - 0.033\ 7x + 2.421\ 7$	0.953 9
抗拉强度/MPa	$y = 0.000\ 05x^2 - 0.002\ 1x + 0.185\ 6$	0.953 9

三个拟合方程中相关系数 R^2 均大于 0.95，说明回归方程拟合较好，数值变化有规律，可用于进行常规判断。

由于未知含水率与玉米芽种芽体的拉伸特性是否有关，因此判断含水率对拉伸载荷（破坏力）、抗拉强度、剪切模量有无显著影响，就极其重要。将试验得到的数据，运用EXCEL 数据分析系统处理，对不同含水率下的各个拉伸特性进行单因素方差分析，如表 4 – 6 至表 4 – 8 所示。

表 4 – 6   不同含水率拉伸载荷方差分析表

差异源	平方和	自由度	均方	F	P	F_c
组间	2.480 213	3	0.826 738	24.778 33	2.97×10^{-6}	3.238 872
组内	0.533 846	16	0.033 365			
总计	3.014 059	19				

在表 4 – 6 中，F_c 是显著性水平为 0.05 时 F 的临界值，也就是从 F 分布表中查到的 $F_{0.05}(3,16)$ 的值。由表可得 $F > F_c$，因此可判定，含水率对拉伸载荷有显著影响，且 $P \leqslant 0.01$，说明含水率对试验指标影响极显著（＊＊）。由于拉伸强度的计算公式为 $\tau = F_{max}/A$，故拉伸强度与最大载荷变化趋势一致，说明含水率对拉伸强度有显著性影响。

表 4 – 7   不同含水率剪切模量方差分析表

差异源	平方和	自由度	均方	F	P	F_c
组间	2.740	3	0.913 333	10.528 34	4.57×10^{-4}	3.238 872
组内	1.388	16	0.086 750			
总计	4.128	19				

在表 4 – 7 中，F_c 是显著性水平为 0.05 时 F 的临界值，也就是从 F 分布表中查到的 $F_{0.05}(3,16)$ 的值。由表可得，$F > F_c$，因此可判定，含水率对剪切模量有显著影响，且 $P \leqslant 0.01$，说明含水率对剪切模量影响极显著（＊＊）。

表4-8　不同含水率抗拉强度方差分析表

差异源	平方和	自由度	均方	F	P	F_c
组间	1.240 855	3	0.413 618	151.093 5	6×10^{-12}	3.238 872
组内	0.043 800	16	0.002 738			
总计	1.284 655	19				

在表4-8中，F_c是显著性水平为0.05时的F临界值，也就是从F分布表中查到的$F_{0.05}(3,16)$的值。由表可得$F > F_c$，因此可判定，含水率对抗拉强度有显著影响，且$P \leqslant 0.01$，说明含水率对抗拉强度影响极显著（＊＊）。

通过表4-6至表4-8得到，含水率对玉米芽种的拉伸性能影响显著，当含水率较小时，其特性趋于脆性材料，柔韧性较弱，脆性较强，易破损断裂；当含水率较大时，玉米芽种芽体特性类似于弹性材料，其柔韧性好，不易破损断裂。

3. 不同品种玉米芽种芽体拉伸特性影响

(1) 不同品种玉米芽种芽体的拉伸载荷

在含水率35.2%条件下，三个品种玉米芽种芽体的拉伸载荷数值表如表4-9所示。从表中可以得出，德美亚1号芽种芽体的最大破坏载荷为1.969 N，最小破坏载荷为0.980 N，该品种大部分芽种芽体的断裂载荷为1~1.5 N。垦沃3芽种芽体的最大破坏载荷为1.132 N，最小为0.908 N，破坏载荷没有超过1.5 N。先锋38P05芽种芽体的最大破坏载荷为1.492 N，最小为1.065 N，破坏载荷均在1 N以上。从表中可以得出，三个品种玉米芽种芽体破坏载荷的平均值从大到小依次为先锋38P05、德美亚1号、垦沃3，说明先锋38P05芽种芽体能承受的破坏载荷最大，芽体最不易断裂。三个品种玉米芽种芽体的破坏载荷标准差从大到小依次为德美亚1号、先锋38P05、垦沃3。

表4-9　三个品种玉米芽种芽体的破坏载荷数值表　　　　　　单位：N

	德美亚1号	垦沃3	先锋38P05
1	1.021	0.908	1.283
2	1.114	0.942	1.065
3	1.032	1.021	1.213
4	1.035	0.936	1.274
5	1.969	1.048	1.492
6	1.867	1.036	1.091
7	1.212	0.996	1.388
8	1.142	1.132	1.096
9	0.980	0.980	1.112
10	1.123	0.976	1.306

表 4 − 9（续）

	德美亚 1 号	垦沃 3	先锋 38P05
平均值	1.163	0.997	1.232
标准差	0.310	0.070	0.140

标准差反映了一个数据集的离散程度，由表 4 − 9 可知垦沃 3 破坏载荷的离散程度小、波动小，每个数值距离平均数不离散。

（2）不同品种玉米芽种芽体的抗拉强度

在含水率 35.2% 条件下，三个品种玉米芽种芽体的抗拉强度数值表如表 4 − 10 所示。从表中可以看出，德美亚 1 号芽种芽体的最大抗拉强度为 0.157 MPa，最小抗拉强度为 0.080 MPa，抗拉强度值大部分在 0.090 MPa 附近。垦沃 3 芽种芽体的抗拉强度在 0.080 MPa 附近，最大抗拉强度为 0.090 MPa，最小抗拉强度为 0.072 MPa。先锋 38P05 芽种芽体抗拉强度主要在 0.100 MPa 左右波动，最大抗拉强度为 0.119 MPa，最小抗拉强度为 0.085 MPa。先锋 38P05 芽体的抗拉强度平均值最大。三个品种抗拉强度标准差与最大破坏载荷大小排列一致，依次为德美亚 1 号、先锋 38P05、垦沃 3。这说明垦沃 3 的离散程度最小、波动小，特性近似。

表 4 − 10　三个品种玉米芽种芽体的抗拉强度数值表　　　　单位：MPa

	德美亚 1 号	垦沃 3	先锋 38P05
1	0.081	0.072	0.102
2	0.089	0.075	0.085
3	0.082	0.081	0.097
4	0.082	0.074	0.101
5	0.157	0.083	0.119
6	0.149	0.082	0.086
7	0.096	0.079	0.110
8	0.091	0.090	0.087
9	0.080	0.078	0.088
10	0.089	0.078	0.103
平均值	0.092	0.079	0.098
标准差	0.029	0.005	0.011

（3）不同品种玉米芽种芽体的剪切模量

在含水率 35.2% 条件下，三个品种玉米芽种芽体的剪切模量数值表如表 4 − 11 所示。从表中可以看出，德美亚 1 号芽种芽体的最大剪切模量为 4.135 0 MPa，最小为 2.560 0 MPa，剪切模量大部分数值在 2.480 0 MPa 附近。垦沃 3 芽种芽体的最大剪切模量为 2.802 MPa，最小为 2.445 MPa，剪切模量大部分数值在 2.388 MPa 附近，标准差为三个品种中最小,0.103 MPa,说明数据较集中。先锋38P05 芽种芽体的最大剪切模量为3.375 0 MPa,最小为 2.695 0 MPa。先锋38P05 芽种芽体剪切模量的标准差为0.226 0 MPa,大于垦沃3 小于德美亚1 号芽种芽体,说明先锋38P05 芽种芽体的离散度在前两者之间。

表4-11　三个品种玉米芽种芽体的剪切模量数值表　　　　单位:MPa

	德美亚1号	垦沃3	先锋38P05
1	2.625 0	2.445 0	3.042 0
2	2.773 0	2.500 0	2.695 0
3	2.643 0	2.625 0	2.931 0
4	2.648 0	2.490 0	3.028 0
5	4.135 0	2.668 0	3.375 0
6	3.972 0	2.649 0	2.737 0
7	2.929 0	2.585 0	3.210 0
8	2.818 0	2.802 0	2.745 2
9	2.560 0	2.560 0	2.770 7
10	2.788 2	2.554 0	3.079 0
平均值	2.480 0	2.388 0	2.860 0
标准差	0.457 0	0.103 0	0.226 0

4.3　小　　　结

1.单个玉米芽种基体与芽体剪切特性

由德美亚1 号玉米芽种基体与芽体的载荷－位移、位移－时间、应力－应变特性曲线可知,基体在剪切位移为 1.63 mm 时,出现最大载荷40 N,应变为 0.204 时,应力达到最大值0.84 MPa。芽体在剪切位移为 0.83 mm 时,出现最大剪切载荷,为 1.19 N;应变在 0.104时,出现试验最大应力 0.025 MPa。位移变化随时间增加而增大。

2.玉米芽种不同条件下的剪切特性

玉米芽种基体和芽体的剪切载荷与应力随着芽长的增加而减小,芽长为 1~6 mm 时,剪切载荷变化幅度最大为含水率 15.6%时,变化幅度为 21.76 N,剪切载荷的变化幅度最小为含水率 36.4%时,变化幅度为 9.141 N。同一芽长条件下剪切载荷与应力也随含水率的增加而减小,3 mm 时变化幅度最大,6 mm 时变化幅度最小。基体最大剪切载荷为芽体的36 倍。不同品种芽种基体剪切载荷,德美亚1 号最大,为 36.8 N,其次为先锋38P05,最小为垦沃3。抗拉强度和剪切模量均随含水率、芽长增加而减小。

3. 玉米芽种芽体拉伸特性

（1）芽体拉伸时拉伸载荷与拉伸位移的关系曲线符合 Peal – Reed 函数模型，拟合曲线

为 $y = \dfrac{2.326\,6}{1 + 4.563\,9\mathrm{e}^{-(17.591x + 56.131\,5x + 75.190\,4x^3)}}$，决定系数为 0.993 3，玉米芽种芽体被破坏前的最

大载荷的平均值为 1.565 N。芽体的最大拉伸载荷、抗拉强度和剪切模量均随含水率的增加而减小。通过对不同玉米品种芽种芽体含水率为 35.2% 的拉伸载荷分析得到，三个品种玉米芽种芽体载荷的平均值从大到小依次为先锋 38P05、德美亚 1 号、垦沃 3，数值分别为 1.232 N、1.163 N 和 0.997 N。

（2）通过对不同玉米品种芽种芽体含水率均为 35.2% 的抗拉强度分析得到，德美亚 1 号芽体的抗拉强度大部分值在 0.090 MPa 附近，垦沃 3 芽体的抗拉强度在 0.080 MPa 附近，先锋 38P05 在 0.090 MPa 附近。三个品种玉米芽种芽体抗拉强度标准差从大到小依次为德美亚 1 号、先锋 38P05、垦沃 3。

（3）通过对不同玉米品种芽种芽体含水率为 35.2% 的剪切模量分析得到，德美亚 1 号芽种芽体的剪切模量大部分值在 2.480 0 MPa 附近，垦沃 3 在 2.388 MPa 附近，先锋 38P05 在 2.860 0 MPa 附近。剪切模量标准差德美亚 1 号玉米芽种芽体最大，为 0.457 MPa，垦沃 3 最小，为 0.103 MPa。

第5章　玉米芽种应力松弛
与损伤特性研究

5.1　试验材料和方法

5.1.1　试验材料

试验材料:德美亚 1 号、先锋 38P05、垦沃 3 芽种(芽种制备见第 2.1.1 节)。
试验仪器:CTM2050 微机控制万能拉压试验机、压缩压头。

5.1.2　试验方法

1.玉米芽种应力松弛试验方法

试验前了解物料弹性变形的大致范围,估算对试样施加的最大压缩量,保证变形量在其弹性范围内,应力松弛试验参数设定如图 5 - 1 所示。试验过程中,上下圆形压缩压头会在万能拉压试验机的带动下,上下运动,采用快速加载方式,使试样在 1～2 s 内达到不同变形量。通过准备试验和查阅文献,将玉米芽种应力松弛参数设定为试验速度 10 mm/min,压缩持续时间 100 s,即保持 0.05 mm、0.15 mm 和 0.25 mm 的变形量不变。

2.玉米芽种损伤试验方法

玉米芽种损伤试验用于研究芽种受到一定外力作用后,种芽是否会继续生长,若种芽继续生长即意味着芽完好无损。万能拉压试验机上的力学传感器一端与计算机相连,另一端与压缩压头相连。选取单个芽种为测试对象,通过变换外在载荷大小的方式进行损伤研究。试验前将玉米芽种按要求浸泡,待芽长 1～2 mm 时进行试验。

损伤试验参数设定如图 5 -2 所示。

控制模式:

①定速度,即以恒定速度使芽种受压。

②定方向,压缩。

③定荷重,即以固定力恒定挤压芽种。

④保持时间,以固定力压缩种子 15 s。

图5-1　应力松弛试验参数设定

图5-2　损伤试验参数设定

5.2 结 果 分 析

5.2.1 玉米芽种应力松弛试验结果分析

1.应力松弛特性分析方法

（1）应力松弛的发生条件

由于自然界的大部分固体都具有黏弹性,发生变形后都有欲恢复原形状的弹性能力,即为应力松弛现象。也就是说,应力松弛实际上就是弹性恢复力随时间减小的过程。应力松弛过程的本质为黏弹体变形的再分配,即由弹性变形转化为非弹性变形的过程。应力松弛发生必须有两个条件:一为存在弹性恢复力;二为变形过程中存在弹性变形转化为非弹性变形的结构条件。玉米属黏弹体,具有固体的弹性和液体的黏性,是两种特性的综合体。因此,在对玉米芽种进行压缩时,会产生应力松弛现象。

（2）广义 Maxwell 模型

经前人试验验证,仅有一个松弛时间的 Maxwell 模型不能充分描述黏弹性物体复杂的应力松弛,因此,为解决复杂的应力松弛现象,可采用广义 Maxwell 模型直接反映简单的松弛规律。广义 Maxwell 模型为两个或两个以上的单个 Maxwell 模型(由一个弹簧和一个阻尼器串联组成)并联而成,其应力松弛的一般表达式为

$$\sigma(t) = \varepsilon \sum_{j=1}^{n} E_j \mathrm{e}^{-t/\eta_j} \tag{5-1}$$

式中　　n——并联的 Maxwell 单元模型个数;

　　$\sigma(t)$——任意 t 时刻的弹性恢复力;

　　E_j——各 Maxwell 单元的松弛模量;

　　η_j——各 Maxwell 单元的松弛时间;

　　ε——各 Maxwell 单元中阻尼器的黏性系数。

E_j 即是弹性变形的恢复模量,为可恢复的模量。E_j 越大,弹性恢复能力越强,即应力松弛能力越强;E_j 越小,弹性恢复能力越小,即应力松弛能力越弱。η_j 为第 j 个单元的松弛时间,表示物料保持恒定变形量时,应力衰减到初始应力的 36.8% 时所需的时间。η_j 越大,衰减速度越慢;η_j 越小,衰减速度越快。

（3）识别松弛参数的 Z 变换法

Z 变换将离散系统(试验得到的应力与时间关系)的时域数学模型——差分方程转化为较简单的频域数学模型——代数方程,以简化求解过程,通过 Z 变换法可将复杂的理论简单化,另外,结合 MATLAB 程序,可拟合出应力松弛曲线。本书使用单边 Z 变换法,定义公式为

$$X(Z) = Z\left\{x[n]\sum_{j=1}^{n}E_j(\mathrm{e}^{-\varepsilon T})^N\right\} \tag{5-2}$$

要识别玉米芽种应力松弛的参数,就需要拟合出式(5-1)中的 Maxwell 单元个数以及各 Maxwell 单元的松弛模量、松弛时间。

对 t 进行等时间间隔采样,采样间隔时间为 T,则第 N 个采样点($N=0,1,2,3,\cdots$)对应时间 $t=NT$ 时有

$$\sigma(NT) = \sum_{j=1}^{n}E_j\mathrm{e}^{-\varepsilon(NT)} = \sum_{j=1}^{n}E_j(\mathrm{e}^{-\varepsilon T})^N \tag{5-3}$$

$$Z_j = \mathrm{e}^{-\varepsilon T} \tag{5-4}$$

式中,Z_j 为第 j 个由 ε 和抽样周期 T 决定的常数,共有 n 个 Z_j。则式(5-2)可写为

$$\sigma(NT) = \sum_{j=1}^{n}E_jZ_j^N \tag{5-5}$$

对式(5-1)和式(5-4)分别进行 Z 变换,且二者相等,则

$$\sum_{j=1}^{n}\frac{E_jZ}{Z-Z_j} = \sum_{N=0}^{\infty}\sigma(NT)Z^{-n} \tag{5-6}$$

用 MATLAB 编程,可得 E_j、η_j 和单元数 n。

2. 玉米芽种的应力松弛特性曲线

(1)同一含水率和变形量条件下的玉米芽种应力松弛特性曲线

在含水率为 36.4%、变形量为 0.25 mm 的条件下,德美亚 1 号玉米芽种松弛应力-时间关系曲线如图 5-3 所示。由图可知,松弛应力与时间呈指数变化关系。衰减过程可分为个两阶段:第一阶段,在开始时,松弛应力最大为 0.105 MPa,并随着时间的增长而快速减小,曲线斜率大于 45%,曲线为凹曲线,应力衰减速度大于时间增长速度;第二阶段,在 20 s 之后,衰减程度趋于平缓,表明在变形量不变的情况下,应力随时间的减小程度逐渐缓慢,曲线近似一条直线,直至结束,松弛应力为 0.065 MPa。弹性应变、残余应变和黏性应变反映在这两个阶段中。

(2)同一含水率、不同变形量条件下的玉米芽种应力松弛特性曲线

在含水率为 36.4%,变形量为 0.05 mm、0.15 mm、0.25 mm 的条件下,德美亚 1 号芽种松弛应力-时间关系曲线如图 5-4 所示。由图可得,同一含水率、不同变形量的玉米芽种松弛应力变化趋势相似,即松弛应力都随时间呈衰减趋势,在初始很短的时间内,松弛应力迅速减小,但随着时间的增加松弛速度快速减小,并在 20 s 后曲线均趋于平坦。变形量为 0.05 mm 时,初始松弛应力为 0.106 MPa;变形量为 0.15 mm 时,初始松弛应力为 0.057 MPa;变形量为 0.25 mm 时,初始松弛应力为 0.048 MPa。变形量越大,初始松弛应力越大,反之,初始松弛应力越小,表明变形量对松弛应力的大小有影响。不同变形量条件下,在相同松弛时间内,松弛应力变化量不同,变形量为 0.05 mm 时,松弛应力变化量为 0.021 MPa,变形量为 0.15 mm 时,松弛应力变化量为 0.024 MPa,变形量为 0.25 mm 时,松弛应力变化量为 0.021 MPa。

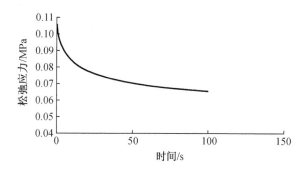

图5-3 含水率36.4%、变形量0.25 mm条件下玉米芽种松弛应力-时间关系曲线

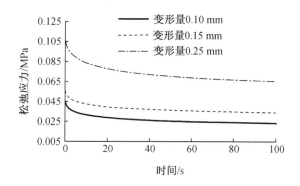

图5-4 含水率36.4%、不同变形量条件下玉米芽种松弛应力-时间关系曲线

（3）同一变形量、不同含水率条件下的玉米芽种应力松弛特性曲线

在变形量为0.05 mm的条件下，德美亚1号芽种松弛应力-时间关系曲线如图5-5所示。从图可知，试验开始后，在含水率为20.8%、25.4%、29.9%、36.4%时，芽种松弛应力与时间的关系变化规律相似。松弛应力以一定的变化率开始下降，而且其变化率在起初较大，随着松弛时间的延长，其变化率逐渐减小。不同含水率时，芽种的初始松弛应力不同。含水率较低时，初始松弛应力值较大；含水率较高时，初始松弛应力值较小，表明芽种含水率对松弛应力的大小有影响。含水率为20.8%、初始松弛应力为0.1 MPa时，变化量为0.033 MPa；含水率为25.4%、初始松弛应力为0.083 MPa时，变化量为0.042 MPa；含水率为29.9%、初始松弛应力为0.073 MPa时，变化量为0.033 MPa；含水率为36.4%、初始松弛应力为0.059 MPa时，变化量为0.044 MPa。

3.玉米芽种松弛特性指标的影响分析

在含水率为36.4%、变形量为0.15 mm的条件下，得到单个玉米芽种松弛特性曲线方程为$E(t) = 5.09e^{-\frac{t}{833.3}} + 1.36e^{-\frac{t}{13.36}} + 1.194\,1e^{-\frac{t}{1.12}}$，曲线如图5-6所示。用三个Maxwell单元并联得到玉米芽种压缩应力松弛模型，如图5-7所示。

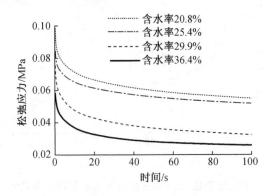

图 5 - 5   变形量 0.05 mm、不同含水率条件下的玉米芽种松弛应力 - 时间关系曲线

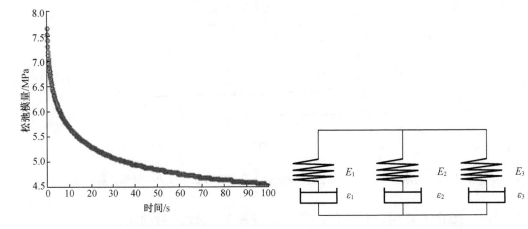

图 5 - 6   含水率为 36.4%、变形量为 0.15 mm   图 5 - 7   三单元玉米芽种压缩应力

条件下单个玉米芽种松弛特性曲线   松弛模型

（1）玉米芽种含水率对松弛指标的影响

表 5 - 1 所示为不同含水率时德美亚 1 号芽种松弛指标。由表 5 - 1 可知，玉米芽种在不同试验条件下，都有一个较大的主要应力分量（一单元 E_1），松弛时间长，弹性显著，近似于固体。但另外两个分量（二单元 E_2、三单元 E_3）所占比例很小，松弛时间短，黏性显著，胶体成分较多，松弛时间短，近似于液体。模型中一单元反映的是芽种内部固体骨架部分的应力松弛情况，近似于玉米芽种的松弛模量，二单元及三单元的应力松弛情况与芽种内部的含水率、蛋白质含量和油脂含量有关。含水率对一单元各松弛参数都有影响，影响关系如图 5 - 8 所示。对于含水率对二单元和三单元各参数的影响试验没有得到具有实际意义的结果，待以后进一步研究。

表 5 - 1   不同含水率时德美亚 1 号芽种松弛指标

含水率/%	单元号	松弛模量/MPa	松弛时间/s
36.4	一	3.95	714.30
	二	2.14	13.80
	三	1.59	1.60

表 5 - 1（续）

含水率/%	单元号	松弛模量/MPa	松弛时间/s
29.9	一	5.42	756.30
	二	2.37	13.20
	三	2.16	1.37
25.4	一	7.95	792.20
	二	1.70	15.60
	三	1.46	1.46
20.8	一	8.59	804.70
	二	2.18	14.90
	三	2.16	1.31

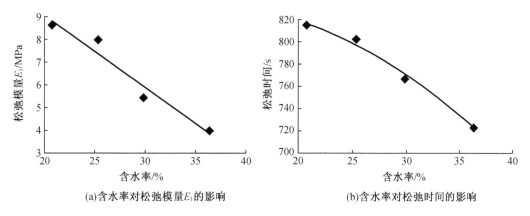

(a)含水率对松弛模量E_1的影响　　　　　(b)含水率对松弛时间的影响

图 5 - 8　含水率对一单元玉米芽种松弛参数的影响

由图 5 - 8 可知,随着含水率的增加,松弛参数逐渐减小。在含水率为 20.8% 时,松弛模量最大值为 8.59 MPa,松弛时间为 804.7 s。在含水率为 36.4% 时松弛模量最小,为 3.95 MPa,松弛时间为 714.3 s。含水率对松弛模量 E_1 影响的关系曲线为 $y = -0.008x^2 + 0.11x + 9.25, R^2 = 0.9684$;含水率对松弛时间影响的关系曲线为 $y = -0.295x^2 + 10.08x + 721.91, R^2 = 0.997$。

含水率对松弛模量和松弛时间影响的方差分析极其重要,将试验得到的数据进行处理得到含水率对松弛模量的单因素方差分析,如表 5 - 2 所示。

在表 5 - 2 中,F_c 是显著性水平为 0.05 时 F 的临界值,也就是从 F 分布表中查到的 $F_{0.05}(3,16)$ 的值。由表可得 $F > F_c$,因此可判定,含水率对松弛模量有显著影响,且 $P \leqslant 0.01$,说明含水率对松弛模量影响极显著(* *)。

通过同样的方法,由表 5 - 3 可得含水率对松弛时间的影响为极显著。

表 5 - 2　含水率对松弛模量的单因素方差分析

差异源	平方和	自由度	均方	F	P	F_c
组间	71.270 46	3	23.756 820	405.147 2	2.7×10^{-15}	3.238 872
组内	0.938 20	16	0.058 638			
总计	72.208 66	19				

表 5 - 3　含水率对松弛时间的单因素方差分析

差异源	平方和	自由度	均方	F	P	F_c
组间	24 857.35	3	8 285.783	351.464 8	8.27×10^{-15}	3.238 872
组内	377.20	16	23.575			
总计	25 234.55	19				

（2）不同品种对松弛指标的影响

表 5 - 4　三个品种的松弛指标

品种	松弛模量/MPa	松弛时间/s
德美亚 1 号	8.59	804.70
垦沃 3	10.50	593.25
先锋 38P05	7.27	564.00

在含水率为 20.8%、变形量为 0.15 mm 的条件下，三个品种的松弛指标如表 5 - 4 所示。由表 5 - 4 可知，垦沃 3 的松弛模量最大，为 10.50 MPa，即物料硬度最大；德美亚 1 号次之，为 8.59 MPa；先锋 38P05 最小，为 7.27 MPa，即物料硬度最小。德美亚 1 号的松弛时间最长，为 804.70 s，应力衰减速度最慢；垦沃 3 次之，先锋 38P05 最小，说明先锋 38P05 的衰减速度最快。不同品种对玉米松弛模量和松弛时间的单因素方差分析如表 5 - 5、表 5 - 6 所示。

表 5 - 5　品种对松弛模量的单因素方差分析

差异源	平方和	自由度	均方	F	P	F_c
组间	21.303 240	2	10.651 620	9.615 141	0.005 833	4.256 495
组内	9.970 168	9	1.107 796			
总计	31.273 410	11				

在表 5 - 5 中，F_c 是显著性水平为 0.05 时 F 的临界值，也就是从 F 分布表中查到的 $F_{0.05}(2, 9)$ 的值。由表 5 - 5 可得 $F > F_c$，因此可判定，品种对松弛模量有显著影响，且 $P \leqslant 0.01$，说明品种对松弛模量的影响为极显著（**）。

60

表5-6 品种对松弛时间的单因素方差分析

差异源	平方和	自由度	均方	F	P	F_c
组间	134 454.2	2	67 227.08	2.823 129	0.117 69	4.256 495
组内	214 316.8	9	23 812.97			
总计	348 770.9	11				

在表5-6中,F_c是显著性水平为0.05时F的临界值,也就是从F分布表中查到的$F_{0.05}(2,9)$的值。由表5-6可得$F<F_c$,因此可判定,品种对松弛时间没有显著影响。

5.2.2 玉米芽种损伤试验结果分析

1.单个玉米芽种损伤特性分析

图5-9所示为典型谷物载荷与变形关系曲线,其分为两种破损方式:一种为有明显屈服点的破损方式;另一种为无明显屈服点的破损方式。屈服点又称应变软化点,达到此点以后,冻结的分子链开始运动,标志着谷物中细胞的结构开始破裂。生物屈服点出现在P点(曲线斜率增加或减小的临界点)以后的位置。P点以前,载荷与变形关系曲线的斜率逐渐增加,P点以后,载荷与变形关系曲线的斜率逐渐减少。有屈服点的载荷-变形曲线特征为:在没达到屈服点时,载荷随变形的增加而增大,斜率也逐步增大;达到屈服点后,载荷随变形增加而减小。

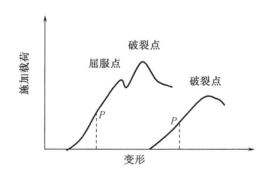

图5-9 典型谷物载荷与变形关系曲线

图5-10所示为德美亚1号在含水率为30.2%、试验速度为10 mm/min时,芽种压缩载荷与变形的关系曲线。该试验分为两个步骤:一是曲线在5 s内快速上升直至损伤需要加载的固定载荷;二是到达最大载荷后保持压缩时间15 s的加载过程。由于玉米质地较软,加压时会有弹性变形,当玉米发生弹性变形时,万能拉压试验机感受到的力会骤然减小,曲线中表现为加载过程微小下降的趋势。但由于玉米为黏弹性物体,加载载荷时会有恢复原形的能力,因此传感压头感受到的力骤然增加,即曲线表现为加载过程中微小上升的趋势。此图属于没有屈服点的软生物材料的损伤特性曲线,在载荷为106 N时达到破裂

点,将该载荷保持时间 15 s,之后将芽种放入原环境,待发芽,观察成活率。

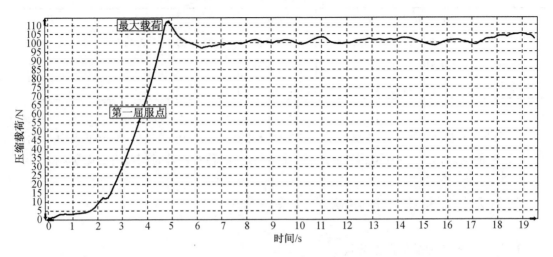

图 5－10　单个玉米芽种压缩载荷与变形的关系

通过观察发现,芽种损伤裂纹沿着有规律的路径扩展。玉米芽种裂纹多从冠部向尖部扩展,腹面与背面裂纹长基本一致。冠部裂纹之所以向芽种尖部延伸与扩展,与玉米芽种内部结构和成分有关:半透明状的种皮具有较好的强度和韧性,本身不容易破裂,对种子具有保护作用;而胚乳外边缘,特别是两侧为角质,中部为粉质,具有较大的硬度和脆性,角质胚乳和种胚之间的应力分布规律,造成冠部裂纹向种胚延伸与扩展。根据《连续式粮食干燥机》(GB/T 16714—2007)规定的玉米籽粒内部胚乳裂纹或裂痕长度,将长度大于粒长 1/2 的裂纹称为长裂纹,长度为粒长 1/2～1/4 的称为中裂纹,长度小于粒长 1/4 的为微裂纹。

2. 平压条件下玉米芽种试验结果分析

(1)不同含水率平压损伤成活率分析

图 5－11 所示为成活率与损伤载荷关系曲线,选取德美亚 1 号为试验材料,压缩载荷 0～300 N 等间距增加,每次试验 50 粒,每次试验后放置相同环境中继续观察长势情况。

由图 5－11 可知,在芽种受到外加载荷小于 75 N 时,从外观上看,没有裂纹出现,并且损伤试验后继续出芽率为 100%。当外加载荷为 100 N 时,在压缩过程中,芽种出现破裂现象,并在芽种中部出现小裂纹,但种子的继续生长率仍为 100%。当外加载荷为 100～150 N 时,在芽种的中间部位出现中裂纹,放置在相同环境中观察芽种继续生长能力,芽种的发芽率为 80%～90%;当外加载荷大于 150 N 后,芽种出现长裂纹,继续生长的能力降低,生长率下降幅度大。当芽种含水率为 42.1%、外加载荷大于 250 N 时,芽种全部破碎,无继续生长能力。当芽种含水率为 30.2%、外加载荷大于 275 N 时,芽种破碎,无继续生长能力。可以看出,芽种的含水率越大,承受外加载荷的能力越小。

利用 DPS 数据处理系统对数据进行拟合,得出不同含水率条件下芽种成活率与外加载荷的曲线,其符合 Log－Modified 类型曲线,具体回归方程如表 5－7 所示。

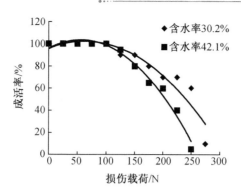

图5-11 成活率与损伤载荷关系曲线

表5-7 不同含水率芽种成活率回归方程

含水率/%	回归方程	相关系数 R^2
30.2	$y = (15\ 526\ 178.632\ 1 - 56\ 445.737\ 5x)^{0.282\ 179}$	0.975 5
42.1	$y = (379\ 115.079\ 2 - 1\ 516.150\ 2x)^{0.365\ 249}$	0.959 5

（2）平压条件下不同品种玉米芽种损伤成活率分析

图5-12所示为三个品种玉米芽种,在含水率42.1%条件下,成活率与损伤载荷关系曲线。由图5-12可知,三个品种玉米芽种的成活率均随外加载荷增大而减小,且德美亚1号芽种成活率明显大于垦沃3和先锋38P05。德美亚1号品种在载荷小于100 N时,成活率为100%,大于100 N后,成活率逐步降低,利用DPS数据处理系统对数据进行拟合,得到的曲线属Log-Modified类型,到250 N时,芽种大部分破碎,成活率降低。垦沃3和先锋38P05的成活率均随载荷的增大而减小,在载荷达175 N时均不再发芽,此时芽种已全部破碎,结构分离,没有种形。垦沃3与先锋38P05的数据拟合曲线属Gompertz类型。不同品种玉米芽种成活率回归方程如表5-8所示。

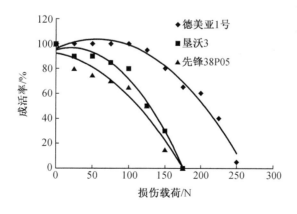

图5-12 成活率与损伤载荷关系曲线

表 5 - 8　不同品种玉米芽种成活率回归方程

品种	回归方程	相关系数 R^2
德美亚 1 号	$y = (1.552\ 617\ 8 - 56\ 445.737\ 5x)^{0.282\ 179}$	0.975 5
垦沃 3	$y = 95.695\ 6e^{[-0.007\ 779e^{(-0.03x)}]}$	0.985 6
先锋 38P05	$y = 88.634\ 3e^{[-0.016\ 9e^{(-0.030\ 054\ 7x)}]}$	0.955 2

5.3　小　　结

本章通过玉米芽种的应力松弛、损伤试验,建立流变学模型,模拟芽种挤压与冲击状态。结论如下:

(1)在含水率一定条件下的德美亚 1 号芽种,变形量为 0.05 mm、0.15 mm、0.25 mm 时,随着变形量的增加,松弛应力逐步增大,每个松弛应力的变化量为 0.021 MPa、0.024 MPa 和0.214 MPa。在变形量一定的条件下,含水率为 20.8%、25.4%、29.9%、36.4% 时,随着含水率的增加,松弛应力逐步减小。每个含水率下的松弛应力变化量为 0.033 MPa、0.042 MPa、0.033 MPa 和 0.044 MPa。

(2)玉米芽种的应力松弛特性可用多个 Maxwell 单元模型并联描述,从中提取松弛特性指标为松弛模量和松弛时间,由单因素方差可得,含水率对松弛模量影响为极显著,品种对松弛时间影响为极显著,对松弛模量无显著影响。

(3)不同含水率平压条件下的德美亚 1 号芽种损伤成活率不同,含水率越大,芽种破碎承受载荷越小。压缩载荷小于 100 N 时,含水率为 30.2% 和 42.1% 下的芽种成活率为 100%。压缩载荷增大,成活率逐步降低,含水率为 42.1%,压缩载荷超过 250 N 时,芽种全部破碎,成活率为 0,含水率为 30.2%,压缩载荷为 275 N 时,芽种全部破碎,成活率为 0%。

(4)德美亚 1 号、垦沃 3 和先锋 38P05 三个品种芽种在相同压缩条件下损伤成活率不同,三个品种芽种的成活率均随外界载荷增大而减小,且德美亚 1 号芽种在每个压缩载荷条件下的成活率明显大于垦沃 3 和先锋 38P05。

第6章 玉米芽种精量播种
装置囊种机理研究

6.1 玉米芽种精量播种装置

6.1.1 玉米植质钵育秧盘

玉米植质钵育秧盘以秸秆、土和胶等为主要原料,采用高温饱和蒸汽熏蒸灭菌固化技术制备而成。玉米植质钵育秧盘的主要尺寸为 276.5 mm(长)×42 mm(宽)×35 mm(高),其结构如图 6-1 所示。

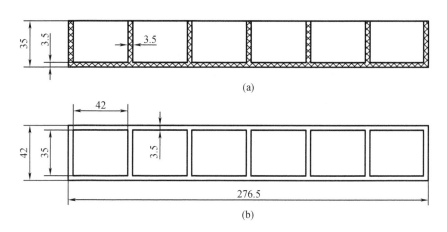

图 6-1 玉米植质钵育秧盘结构

6.1.2 精量播种装置及工作原理

本章根据玉米植质钵育秧盘的结构特点设计了玉米芽种精量播种装置,其排种器类型为机械转板式,其结构主要由电机、传动机构、控制柜、推盘器、播种总成及转板总成等组成,如图 6-2 所示。

工作原理:播种开始前,通过变频控制柜设置凸轮转速等相关参数;将一定数量的玉米植质钵育秧盘摆放到装置辊轮上,其余秧盘放置在台架上;通过推盘调节控制调整秧盘偏移量;将土箱和种箱装入适量的土和玉米芽种;打开控制开关,通过控制柜开启电机,在电机的带动下,连杆总成控制推盘装置将秧盘推到型孔板的下方,在此过程中底土已装好并压实,同时,连杆总成通过拉杆控制转板将型孔下部封闭,种箱在连杆的带动下开始第一次囊种过程,当种箱开始进行往复运动时,第二次囊种开始,推盘器逐步回到原位,当囊种结束时,转板立即开启,型孔内的芽种落入下方秧盘的穴孔内;当第二次播种开始时,播完芽种的秧盘会被推盘器和新放置的秧盘推出完成覆表土和压实;至此一次播种过程结束。

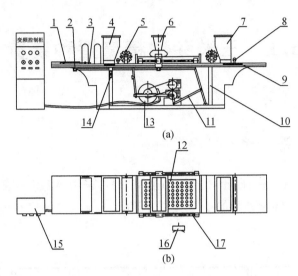

1—台面;2—推盘调节控制;3—推盘器;4—底土箱;5—压实轮;6—种箱;7—表土箱;8—刮土器;9—辊轮;10—机架;11—连杆机构总成;12—型孔板;13—电机;14—控制开关;15—变频控制柜;16—高速摄像机;17—导向杆。

图 6 − 2　玉米植质钵育秧盘播种装置示意图

6.1.3　囊种部件及工作原理

玉米植质钵育秧盘播种装置的囊种部件主要由种箱、刷种轮、型孔板、转板等组成,如图 6 − 3 所示。

囊种工作原理:在囊种过程开始时,种箱在电机、曲柄连杆机构等的带动下开始运动,当种箱即将移动到型孔板上方时,种箱内挡板打开,种箱内玉米芽种落入种箱下部及型孔板表面,在刷种轮和芽种自身重力的作用下,芽种被囊入型孔,多余芽种被刷种轮清走。当种箱完成一次直线往复运动时,囊种两次,囊种过程结束。

6.1.4　投种部件及工作原理

玉米植质钵育秧盘播种装置的投种部件主要由转板、连接板、拉杆和辊轮等组成,如图6 − 3 所示。

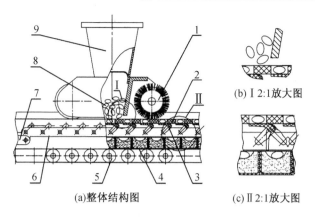

(a)整体结构图 (b)Ⅰ2:1放大图 (c)Ⅱ2:1放大图

1—刷种轮;2—型孔板;3—转板;4—植质钵育秧盘;5—辊轮;6—连接板;7—拉杆;8—玉米芽种;9—种箱。

图6-3 玉米芽种精量播种装置关键部件结构示意图

投种工作原理:当移动种箱完成一次往复运动,型孔板型孔内囊入一粒玉米芽种,囊种过程结束,投种过程开始。拉杆在电机、曲柄连杆机构的带动下,拉动连接板继而带动转板在压条的限制下进行逆时针旋转。初始时,玉米芽种多以平躺的姿态处于转板上,由于接触面积较大,芽种先随转板做旋转运动,当旋转到一定角度时,才在重力、摩擦力和惯性力的作用下,与型孔板和转板发生相对运动,先在转板上滑动,然后与转板开始分离,并以一定初速度沿一定轨迹下落至玉米植质钵育秧盘相应孔穴内,投种过程结束。

6.2 囊种过程中玉米芽种运动模型的建立

在囊种过程中当芽种囊入型孔时,其质量中心的运动轨迹为抛物线。由于芽种运动时初速度较小,下落高度又不超过芽种本身的最大尺寸,因此建模时将空气阻力忽略不计。囊种过程中芽种的运动模型建立过程如下。

芽种的运动微分方程为

$$m\frac{\mathrm{d}^2x}{\mathrm{d}t^2}=0 \qquad (6-1)$$

$$m\frac{\mathrm{d}^2y}{\mathrm{d}t^2}=mg \qquad (6-2)$$

式中　m——玉米芽种的质量,kg;

x——玉米芽种水平方向位移,m;

y——玉米芽种垂直方向位移,m。

初始条件:

当$t=0$,$x=0$ 时,$\frac{\mathrm{d}x}{\mathrm{d}t}=v_x$;当$t=0$,$y=0$ 时,$\frac{\mathrm{d}y}{\mathrm{d}t}=0$,其中 v_x 为芽种的水平初速度,m/s。

在初始条件下,芽种的运动方程为

$$y = \frac{1}{2}gt^2 \qquad\qquad (6-3)$$

$$x = v_x t \qquad\qquad (6-4)$$

则芽种的运动轨迹方程为

$$y = \frac{g}{2v_x^2}x^2 \qquad\qquad (6-5)$$

由式(6-5)可知,芽种的运动轨迹为抛物线形状。芽种的水平初速度直接影响抛物线的形状,如开口的大小等。种箱的运动速度与芽种的水平初速度直接相关:当型孔板厚度不变,即芽种垂直方向位移固定的情况下,种箱速度越大,芽种的水平方向位移越大,抛物线的开口越大;反之种箱速度越小,芽种的水平方向位移越小,抛物线的开口越小。型孔直径一定时,即芽种的水平方向位移保持在一定范围内,才能保证芽种准确囊入型孔,否则可能出现空穴或因芽种没有完全囊入型孔而受力破碎等现象。因此合理的种箱速度是保证囊种性能的一个重要因素。

6.3 囊入型孔后玉米芽种状态的确定

玉米芽种囊入型孔后存在"平躺""侧卧"和"竖立"三种状态,其囊入方式的概率与呈现状态的面积成正比,即哪种状态呈现面积大,哪种状态存在的概率就大。由于本装置采用圆柱形型孔,"平躺"囊入型孔的方式概率相对较大。下面将玉米芽种看成是平行六面体结构,用长宽比和长厚比描述其线性尺寸关系。

设

$$c/b = k_1, c/a = k_2$$

式中　k_1——长宽比;

　　　k_2——长厚比。

令芽种宽度 b 为 1 个单位,经换算后芽种的线性尺寸关系为

$$c \times b \times a = k_1 \times 1 \times \frac{k_1}{k_2} \qquad\qquad (6-6)$$

设三种囊入方式的接触面积为

$$S_P = c \times b = k_1 \qquad\qquad (6-7)$$

$$S_W = c \times a = k_1^2/k_2 \qquad\qquad (6-8)$$

$$S_S = b \times a = k_1/k_2 \qquad\qquad (6-9)$$

式中　S_P——芽种"平躺"时的接触面积,m^2;

　　　S_W——芽种"侧卧"时的接触面积,m^2;

　　　S_S——芽种"竖立"时的接触面积,m^2。

在概率相对折公式中,芽种的相应状态与概率成正比,即

$$P_P/P_W = S_P/S_W \qquad (6-10)$$

$$P_P/P_S = S_P/S_S \qquad (6-11)$$

$$P_W/P_S = S_W/S_S \qquad (6-12)$$

式中　P_P——芽种"平躺"的概率,%;

　　　P_W——芽种"侧卧"的概率,%;

　　　P_S——芽种"竖立"的概率,%。

　　因为

$$P_P + P_W + P_S = 1$$

所以

$$P_P = \frac{1}{1 + \dfrac{S_W}{S_P} + \dfrac{S_S}{S_P}}, P_W = P_P \frac{S_W}{S_P} = \frac{S_W}{S_P + S_W + S_S}, P_S = P_P \frac{S_S}{S_P} = \frac{S_S}{S_P + S_W + S_S}$$

则

$$P_P = \frac{k_2}{1 + k_1 + k_2} \qquad (6-13)$$

$$P_W = \frac{k_1^2}{k_1 + k_1^2 + k_1 k_2} \qquad (6-14)$$

$$P_S = \frac{k_1}{k_1 + k_1^2 + k_1 k_2} \qquad (6-15)$$

　　根据式(6-13)~式(6-15),可计算出各品种玉米芽种的 k 值和囊入型孔时的呈现状态概率 P 值,如表6-1所示。

表6-1　各品种芽种的 k 值和囊入型孔时的呈现状态概率 P 值

品种	k_1	k_2	$P_P/\%$	$P_W/\%$	$P_S/\%$
德美亚1号	1.36	2.04	46	31	23
龙单47	1.28	1.82	44	31	24
先玉335	1.42	1.77	42	34	24

　　由表可见,在这三个品种中,囊种后芽种在型孔内处于"平躺"概率最大的是德美亚1号,为46%,其次为龙单47,最小的是先玉335;"侧卧"概率最大的是先玉335,为34%,龙单47和德美亚1号均为31%;"竖立"概率最大的是龙单47和先玉335,均为24%,最小的是德美亚1号。由此可知,三个品种玉米芽种囊种后型孔内状态可能性最大的为"平躺",在42%以上,其次为"侧卧",在31%以上,然后是"竖立",在23%以上。

6.4 不同囊种状态下的播种速度和型孔直径之间的关系

由前面分析可知,囊种后芽种在型孔内处于"平躺"状态的概率最大,"平躺"和"侧卧"概率之和为75% ~77% ,占绝大部分。因此下面分析不同"平躺"和"侧卧"状态下种箱速度和型孔直径之间的关系。

6.4.1 "平躺"状态一

囊种时玉米芽种为"平躺"状态,胚芽端靠近型孔,假设芽种进入型孔后仍呈"平躺"状态,如图6 –4 所示。

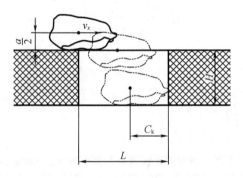

图6 –4 "平躺"状态一

由图6 –4、式(6 –3)和式(6 –4)可知:

$$y = H = \frac{1}{2}gt^2 \qquad (6-16)$$

$$x = L - C_k = v_x t \qquad (6-17)$$

式中 H——型孔板厚度,m;

L——型孔板直径,m;

C_k——芽种质量中心到胚芽端距离,m;

$c - C_k < x \leqslant L - C_k$。

即

$$v_x = (L - C_k)\sqrt{\frac{g}{2H}} \qquad (6-18)$$

$$L = v_x t + C_k = v_x\sqrt{\frac{2H}{g}} + C_k \qquad (6-19)$$

　　由式(6-19)可知,若要芽种以图6-4所示的状态顺利囊入型孔,型孔直径与芽种水平初速度有直接关系。芽种的水平初速度即种箱速度越大,所需型孔直径越大;反之,种箱速度越小,则所需型孔直径越小。型孔板厚度对型孔直径也有一定影响,但影响程度相对较小。

6.4.2　"平躺"状态二

　　囊种时玉米芽种为"平躺"状态,非胚芽端靠近型孔,假设芽种进入型孔后仍呈"平躺"状态,如图6-5所示。

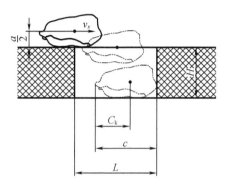

图6-5　"平躺"状态二

$$y = H = \frac{1}{2}gt^2$$

$$x = L - (c - C_k) = v_x t$$

式中,$C_k < x \leqslant L - c + C_k$。
即

$$v_x = (L - c + C_k)\sqrt{\frac{g}{2H}} \tag{6-20}$$

$$L = v_x t + (c - C_k) = v_x\sqrt{\frac{2H}{g}} + c - C_k \tag{6-21}$$

　　由式(6-21)可知,若要芽种以图6-5的状态顺利囊入型孔,型孔直径与芽种水平初速度有直接关系。芽种的水平初速度即种箱速度越大,所需型孔直径越大,反之,种箱速度越小,则所需型孔直径越小。

6.4.3　"侧卧"状态一

　　囊种时玉米芽种为"侧卧"状态,胚芽端靠近型孔,假设芽种进入型孔后仍呈"侧卧"状态,如图6-6所示。

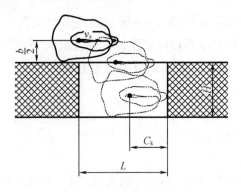

图 6 - 6 "侧卧"状态一

由图 6 - 6 可知：

$$y = H = \frac{1}{2}gt^2$$

$$x = L - C_k = v_x t$$

式中　H——型孔板厚度，m；

　　　L——型孔板直径，m；

　　　C_k——芽种质量中心到胚芽端距离，m；

　　　$c - C_k < x \leqslant L - C_k$。

即

$$v_x = (L - C_k)\sqrt{\frac{g}{2H}}$$

$$L = v_x t + C_k = v_x\sqrt{\frac{2H}{g}} + C_k \tag{6-22}$$

由式(6 - 22)可知，若要芽种以图 6 - 6 的状态顺利囊入型孔，型孔直径与芽种水平初速度有直接关系。芽种的水平初速度即种箱速度越大，所需型孔直径越大，反之，种箱速度越小，则所需型孔直径越小。型孔板厚度对型孔直径也有一定影响，但影响程度相对较小。

6.4.4　"侧卧"状态二

囊种时玉米芽种为"侧卧"状态，非胚芽端靠近型孔，假设芽种进入型孔后仍呈"侧卧"状态，如图 6 - 7 所示。则

$$y = H = \frac{1}{2}gt^2$$

$$x = L - (c - C_k) = v_x t$$

式中，$C_k < x \leqslant L - c + C_k$。

即

$$v_x = (L - c + C_k)\sqrt{\frac{g}{2H}}$$

$$L = v_x t + (c - C_k) = v_x \sqrt{\frac{2H}{g}} + c - C_k \qquad (6-23)$$

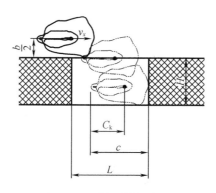

图6-7 "侧卧"状态二

由式(6-23)可知,若要芽种以图6-7的状态顺利囊入型孔,型孔直径与芽种水平初速度有直接关系。芽种的水平初速度即种箱速度越大,所需型孔直径越大;反之,种箱速度越小,则所需型孔直径越小。

因此综合以上四种芽种状态,若芽种以"平躺"或"侧卧"状态囊入型孔,则种箱速度是影响所需型孔直径大小的主要因素,其次为型孔板厚度,且分析发现"平躺"状态一和"侧卧"状态一结果一致,"平躺"状态二和"侧卧"状态二结果一致。

6.5 型孔尺寸的选择

单粒囊种时,型孔尺寸的确定原则:型孔内应能容纳一粒最大芽种,但不能同时容纳同一分级内的两粒最小芽种。

6.5.1 玉米芽种的尺寸分布情况

通过对芽种几何尺寸数据的统计分析,发现其尺寸分布都近似于正态分布,如图6-8所示。根据各品种玉米芽种的几何尺寸长、宽、厚的分布图,可以很清晰地看到尺寸分布范围,并可以此初步确定型孔的直径和厚度的取值范围,也可为其他类型排种器囊种部件的设计提供尺寸依据。

由图6-8可见,三个品种玉米芽种尺寸差异最小的是德美亚1号,其宽和厚两个方向尺寸分别在7~7.5 mm和4.5~5 mm的比例均大于50%,长度方向在10~10.5 mm的比例也大于30%。尺寸分布比例值越大,说明尺寸相对越规则,芽种籽粒性状差异越小,囊种时合格率越高。

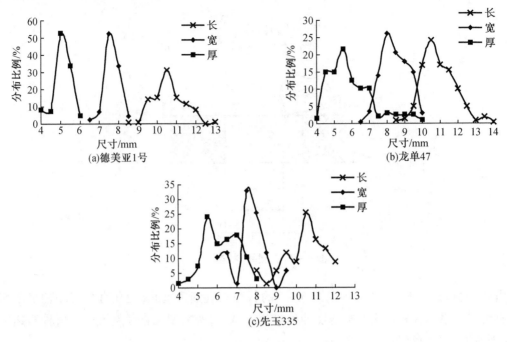

(a)德美亚1号   (b)龙单47

(c)先玉335

图6-8　玉米芽种的尺寸分布

6.5.2　型孔直径的范围确定

根据前面的玉米芽种囊种状态分析结果,当型孔直径较大仅容纳一粒最大芽种时,则芽种相对几何尺寸较大,同时芽种在型孔内呈"平躺"或"侧卧"状态的概率最大,如图6-9所示。此时,由前面结果可知芽种长度方向尺寸最大值为 c_{max},即 $L \geq c_{max}$。

当型孔直径较大容纳两粒最小芽种时,芽种在型孔内应呈"竖立"状态,如图6-10所示。此时, $L < 2a_{min}$。

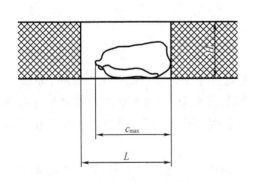

图6-9　容纳一粒"平躺"芽种

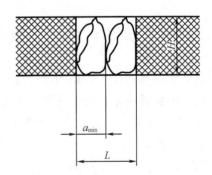

图6-10　容纳两粒"竖立"芽种

在选定的三个玉米品种芽种中,由表2-3可知, $c_{max} > 2a_{min}$ 一定成立,而 $L \geq c_{max}$ 与 $L < 2a_{min}$ 相矛盾。且根据状态概率可知,型孔内容纳两粒"竖立"状态芽种的情况发生概率很

小,所以该情况忽略不计。

6.5.3 型孔板厚度的范围确定

当型孔板厚度较大,能容纳一粒长度方向尺寸最大芽种时,芽种应在型孔内呈"竖立"状态,如图 6 – 11 所示。此时,由前面结果可知芽种长度方向尺寸最大值为 c_{max},即 $H \geqslant c_{max}$。

当型孔板厚度较大,能内容纳两粒最小芽种时,芽种在型孔内应呈"平躺"状态,如图 6 – 12 所示。此时,$H < 2a_{min}$。

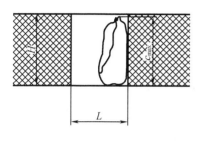

图 6 – 11 容纳一粒"竖立"芽种

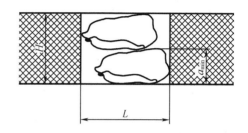

图 6 – 12 容纳两粒"平躺"芽种

在选定的三个品种芽种中,由表 2 – 3 可知,$c_{max} > 2a_{min}$ 一定成立,而 $H \geqslant c_{max}$ 和 $H < 2a_{min}$ 相矛盾。且根据状态概率可知,型孔内容纳一粒"竖立"状态芽种的情况发生概率很小,所以该情况忽略不计。

综上所述,各品种玉米芽种的理论型孔直径 L 和型孔板厚度 H 选取范围如表 6 – 2 所示,并结合玉米芽种的三个方向的平均尺寸和最大尺寸,初步选取型孔直径 13 ~ 18 mm,型孔板厚度 5 ~ 9 mm。

表 6 – 2 各品种芽种的理论型孔的 L、H 取值范围

型孔直径和厚度	德美亚 1 号	龙单 47	先玉 335
L/mm	>13.01	>14.00	>12.43
H/mm	<8.40	<9.60	<9.04

6.6 小 结

（1）本章建立了播种装置囊种过程的芽种运动模型，得到了芽种的运动轨迹方程。

①芽种的运动轨迹为抛物线形状。芽种的水平初速度直接影响抛物线的形状，如开口的大小等。而种箱的运动速度与芽种的水平初速度直接相关。

②当型孔板厚度不变，即芽种垂直方向位移固定的情况下，种箱速度越大，芽种的水平方向位移越大，抛物线的开口越大；反之，种箱速度越小，芽种的水平方向位移越小，抛物线的开口越小。

③当型孔直径一定时，即芽种的水平方向位移需保持在一定范围内，才能确保芽种囊入型孔，否则可能出现空穴或芽种因没有完全囊入型孔而受力破碎等现象。因此合理的种箱速度是保证囊种性能的一个重要因素。

（2）本章根据概率相对折公式，得出了三个品种玉米芽种囊入型孔的状态分别为"平躺""侧卧"和"竖立"时的呈现概率 P。总体来看，囊种后玉米芽种在型孔内状态概率最大的为"平躺"，其次为"侧卧"，最小的是"竖立"。

①在这三个品种中，囊种后芽种在型孔内处于"平躺"概率最大的是德美亚 1 号，为46%，其次为龙单 47，为 44%，最小的是先玉 335，为 42%；

②"侧卧"概率最大的是先玉 335，为 34%，龙单 47 和德美亚 1 号均为 31%；

③"竖立"概率最大的是龙单 47 和先玉 335，均为 24%，最小的是德美亚 1 号，为 23%。

（3）本章在芽种在型孔中处于"平躺"状态一、"平躺"状态二、"侧卧"状态一和"侧卧"状态二的情况下，建立了播种速度和型孔直径之间的关系模型。当芽种以这四种状态之一囊入型孔时，型孔直径主要与芽种水平初速度有直接关系，但影响程度略有不同。型孔板厚度对型孔直径也有一定影响，但相对很小。

（4）本章分析了三个品种玉米芽种在长宽厚三个方向的尺寸分布情况，并根据芽种囊入型孔时的可能状态确定了型孔直径、型孔板厚度的取值范围，初步选取型孔直径为 13 ~ 18 mm，型孔板厚度为 5 ~ 9 mm。

第7章 玉米芽种精量播种装置囊种性能试验研究

7.1 试验方法及主要评定指标

7.1.1 试验方法及材料

1. 试验方法

为减少外在因素对试验精确度的影响,试验在黑龙江八一农垦大学工程学院播种实验室内进行。试验前,将预先准备好的一定量玉米芽种均匀放置在种箱隔板上。试验开始时,当种箱移动到囊种区域前端时打开种箱隔板,芽种迅速落到型孔板上。随着种箱的移动,芽种在刷种轮和自身重力的作用下囊入型孔。当种箱做一次往复运动后,即两次囊种后,在转板开启之前通过控制柜控制电机停止运转,一次囊种试验完成。试验重复5次,取平均值。

2. 试验材料

德美亚1号、龙单47和先玉335三个玉米品种,其中由于龙单47自身形状不规则、尺寸差异较大,为保证试验结果有意义,将其初筛后使用。将龙单47用自制直径为6 mm和8 mm圆孔筛,随机筛出6~8 mm的玉米种子备用。

三个品种的种子经浸泡催芽后,当芽长为1 mm左右、含水率为38%~41%时备用。

制作型孔为圆柱形的型孔板,型孔直径为13~18 mm,型孔板厚度为5~9 mm;刷种轮直径78 mm、刷种高度3 mm。

7.1.2 主要评定指标

试验采用黑龙江八一农垦大学工程学院自行研制的玉米植质钵育秧盘精量播种装置,参照国家标准《单粒(精密)播种机试验方法》(GB/T 6973—2005)进行试验,并根据该装置囊种(播种)试验的特点和配套移栽机对钵苗的需求,参照前人研究经验,设计和统计试验性能评定指标如下。

①单粒率:囊(播)种过程结束后,含完整单粒(断芽或破碎的芽种不计算在内)芽种的型孔数量占型(穴)孔总数的百分比。每组试验重复5次,取平均值。单粒率的计算公式为

$A = n_1/N \times 100\%$。其中 A 为单粒率,% ; n_1 为含单粒芽种的型(穴)孔数量; N 为型(穴)孔总数。

②空穴率:囊(播)种过程结束后,不含完整芽种的型(穴)孔数量占型(穴)孔总数的百分比。每组试验重复 5 次,取平均值。其计算公式为 $B = n_2/N \times 100\%$。其中 B 为空穴率,% ; n_2 为不含芽种的型(穴)孔数量。

③多粒率:囊(播)种过程结束后,含两粒或以上芽种(受损伤或破碎的芽种不计算在内)的型(穴)孔数量占型(穴)孔总数的百分比。每组试验重复 5 次,取平均值。其计算公式为 $C = n_3/N \times 100\%$。其中 C 为多粒率,% ; n_3 为含两粒或以上芽种的型(穴)孔数量。

④损伤率:囊(播)种过程结束后,包含受损伤(断芽或裂纹)芽种的型(穴)孔数量占型(穴)孔总数的百分比。每组试验重复 5 次,取平均值。其计算公式为 $D = n_4/N \times 100\%$。其中 D 为损伤率,% ; n_4 为含受损伤芽种的型(穴)孔数量。

⑤破碎率:囊(播)种过程结束后,包含破碎芽种的型(穴)孔数量占型(穴)孔总数的百分比。每组试验重复 5 次,取平均值。其计算公式为 $E = n_5/N \times 100\%$。其中 E 为破碎率,% ; n_5 为含破碎芽种的型(穴)孔数量。

⑥落点偏移量:播种过程结束后,芽种在秧盘穴孔内距中心点的偏移量。试验时为了方便测量偏移量,将芽种落点分为 0 mm、5 mm、10 mm、15 mm、20 mm 5 档,如图 7 – 1 所示,按芽种中心落在哪个档(每档半径相差 5 mm)计算相应偏移量,若空穴则默认偏移量为 20 mm。若穴孔内芽种数量为多个,档位按离中心最近的芽种进行计算。每组试验重复 5 次,取平均值。其计算公式为 $F = [n_6 \times 0 + n_7 \times 5 + n_8 \times 10 + n_9 \times 15 + (n_{10} + n_2) \times 20]/N \times 100\%$。其中 F 为落点偏移量, mm; n_6 为芽种落在 0 mm 档内的型孔数量; n_7 为芽种落在 5 mm档内的型孔数量; n_8 为芽种落在 10 mm 档内的型孔数量; n_9 为芽种落在 15 mm 档内的型孔数量; n_{10} 为芽种落在 20 mm 档内的型孔数量。

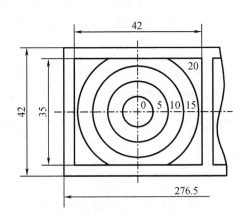

图 7 – 1　芽种落点档位图

7.2　单因素试验研究

影响播种装置囊种性能的参数很多,如玉米品种、芽种含水率、型孔板厚度、型孔直径、种箱速度(行程内的平均速度)、刷种轮直径、刷种高度等,这些参数对性能指标的影响程度各不相同。本节在播种机理研究的基础上,固定刷种轮直径为 78 mm、刷种高度为 3 mm时,型孔板厚度、型孔直径和种箱速度这三个主要参数进行单因素试验研究,分析其对囊种性能指标单粒率、空穴率、多粒率、损伤率和破碎率的影响。

7.2.1　型孔板厚度对囊种性能指标的影响

当其他参数固定,型孔直径为 14 mm、种箱速度为 0.115 m/s 时,选取型孔板厚度分别为 5 mm、6 mm、7 mm、8 mm、9 mm 时,分析不同玉米品种和型孔板厚度变化对性能指标的影响。

1. 德美亚 1 号,型孔板厚度对性能指标的影响

型孔板厚度变化对性能指标的影响如图 7-2 和图 7-3 所示。

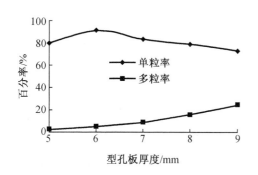
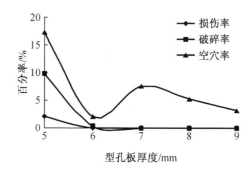

图 7-2　单粒率和多粒率变化曲线　　　　图 7-3　损伤率、破碎率和空穴率变化曲线

由图可见,当型孔板厚度较小时,单粒率较高,多粒率很低,空穴率较高。当型孔板厚度增大时,单粒率先增大后减小,多粒率增大,破碎率和损伤率减小,空穴率波动较大。当型孔板厚度为 6 mm 时,单粒率达到最大值 91.64%,多粒率较小,为 6.41%,空穴率为2.04%,破碎率为 0.41%,损伤率最小,为 0.24%。

2. 龙单 47,型孔板厚度对性能指标的影响

型孔板厚度变化对性能指标的影响如图 7-4、图 7-5 所示。由图可见,其变化趋势总体和德美亚 1 号类似。当型孔板厚度较小时,单粒率较大,多粒率很小,空穴率较大。当型孔板厚度增大时,单粒率先增大后减小,多粒率增大,破碎率和损伤率减小,空穴率波动较大。当型孔板厚度为 6 mm 时,单粒率达到最大值 92.19%,多粒率较小为 6.86%,损伤率

和破碎率为0,空穴率最小,为0.95%。

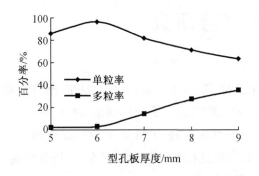

图7-4　单粒率和多粒率变化曲线
图7-5　损伤率、破碎率和空穴率变化曲线 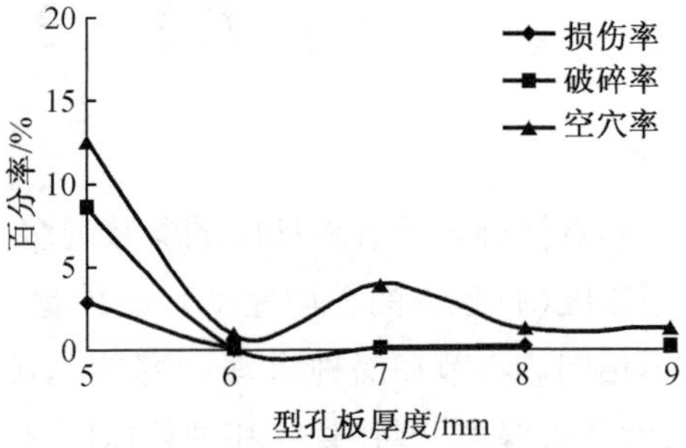

3. 先玉335,型孔板厚度对性能指标的影响

型孔板厚度变化对性能指标的影响如图7-6、图7-7所示。

由图可见,当型孔板厚度较小时,单粒率较大,多粒率很小,空穴率较大。当型孔板厚度增大时,单粒率先增大后减小,多粒率增大,破碎率、损伤率和空穴率减小。当型孔板厚度为7 mm时,单粒率达到最大值89.24%,多粒率最小,为0.14%,破碎率和损伤率为0,空穴率较小,为12.15%。

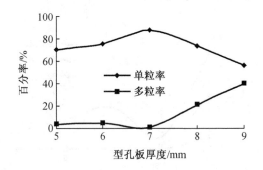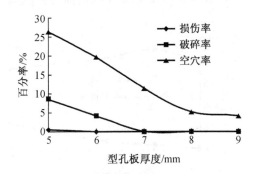

图7-6　单粒率和多粒率变化曲线
图7-7　损伤率、破碎率和空穴率变化曲线

7.2.2　型孔直径对性能指标的影响

1. 德美亚1号,型孔直径对性能指标的影响

当型孔板厚度为6 mm,种箱速度为0.115 m/s时,型孔直径变化对性能指标的影响如图7-8、图7-9所示。

由图可见,当型孔直径增大时,单粒率先增大后减小,多粒率呈增大趋势,空穴率急速减小后有少许波动。当型孔直径为14 mm时,单粒率达到最大值92.64%,多粒率较小,为4.22%,损伤率为0,破碎率较小,为0.46%,空穴率为2.61%。

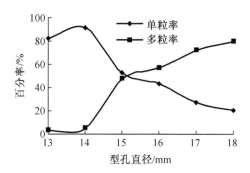

图 7-8 单粒率和多粒率变化曲线

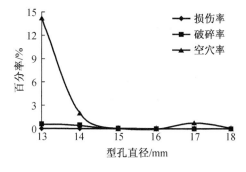

图 7-9 损伤率、破碎率和空穴率变化曲线

2. 龙单 47,型孔直径对性能指标的影响

当型孔板厚度为 6 mm,种箱速度为 0.125 m/s 时,种箱速度变化对性能指标的影响,如图 7-10、图 7-11 所示。

由图可见,当型孔直径增大时,单粒率先增大后减小,多粒率呈增加趋势,空穴率急速下降后有一定波动。当型孔直径为 15 mm 时,单粒率达到最大,为 92.19%,多粒率较小,为 6.86%,损伤率和破碎率为 0,空穴率较小,为 0.95%。

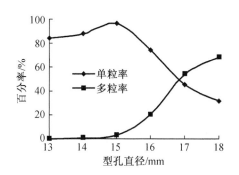

图 7-10 单粒率和多粒率变化曲线

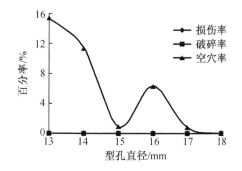

图 7-11 损伤率、破碎率和空穴率变化曲线

3. 先玉 335,型孔直径对性能指标的影响

当型孔板厚度为 7 mm,种箱速度为 0.105 m/s 时,种箱速度变化对性能指标的影响,如图 7-12、图 7-13 所示。

由图可见,当型孔直径增大时,单粒率先增大后减小然后又略有增大,多粒率先增大后减小,空穴率呈下降趋势。当型孔直径为 14 mm 时,单粒率达到最大值 88.94%,多粒率较小,为 2.15%,损伤率和破碎率为 0,空穴率较大,为 12.24%。

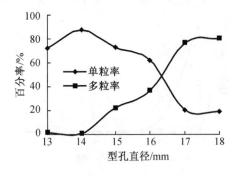

图 7-12　单粒率和多粒率变化曲线

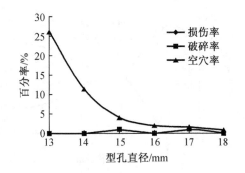

图 7-13　损伤率、破碎率和空穴率变化曲线

7.2.3　种箱速度对性能指标的影响

1. 德美亚 1 号,种箱速度对性能指标的影响

当型孔板厚度为 6 mm,型孔直径为 14 mm 时,种箱速度变化对性能指标的影响如图 7-14、图 7-15 所示。

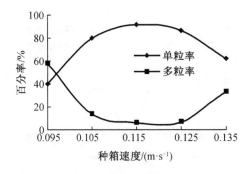

图 7-14　单粒率和多粒率变化曲线

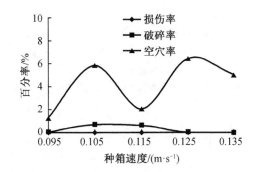

图 7-15　损伤率、破碎率和空穴率变化曲线

由图可见,当种箱速度增大时,单粒率总体来看先增大后减小,但波动不显著,多粒率略有下降后趋于平缓,损伤率几乎为 0,破碎率先增大后减少,只有空穴率波动较大,呈先增大后减小又增大的趋势。当种箱速度为 0.115 m/s 时,单粒率达到最大值 90.43%,多粒率达到最小,为 5.71%,损伤率为 0,破碎率较大,为 0.57%,空穴率最小,为 2.04%。

2. 龙单 47,种箱速度对性能指标的影响

当型孔板厚度为 6 mm,型孔直径为 15 mm 时,种箱速度变化对性能指标的影响如图 7-16、图 7-17 所示。

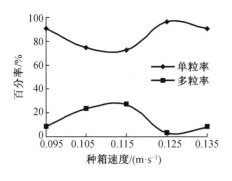

图7-16 单粒率和多粒率变化曲线

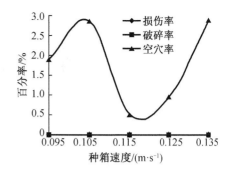

图7-17 损伤率、破碎率和空穴率变化曲线

由图可见,当种箱速度增大时,单粒率先减小后增大然后又略有减小,多粒率总体来看先增大后减小,损伤率和破碎率几乎为0,空穴率波动较大,呈先增大后减小又增大的趋势。当种箱速度为0.125 m/s时,单粒率达到最大值92.19%,多粒率达到最小,为6.86%,损伤率和破碎率为0,空穴率较大,为0.95%。

3.先玉335,种箱速度对性能指标的影响

当型孔板厚度为7 mm,型孔直径为14 mm时,种箱速度变化对性能指标的影响如图7-18、图7-19所示。

由图可见,当种箱速度增大时,单粒率总体来看呈减小趋势,略有波动,多粒率有较小波动,损伤率几乎为0,破碎率先增大后减少,只有空穴率波动较大,呈先减小后增大趋势。当种箱速度为0.105 m/s时,单粒率达到最大值87.62%,多粒率达到最小,为1.79%,损伤率和破碎率为0,空穴率最小,为11.43%。

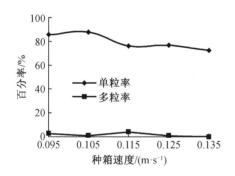

图7-18 单粒率和多粒率变化曲线

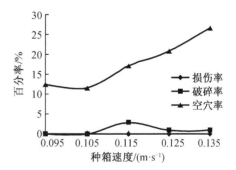

图7-19 损伤率、破碎率和空穴率变化曲线

7.3 多因素试验研究

7.3.1 试验设计及方案

根据前面机理研究和单因素试验研究结果,固定刷种轮直径78 mm、刷种高度3 mm,型孔板厚度(德美亚1号为6 mm,龙单47为6 mm,先玉335为7 mm)时,进一步研究型孔直径和种箱速度两因素组合情况下对播种装置囊种性能的影响。选取型孔直径 x_1 和种箱速度 x_2 两个因素,以单粒率、空穴率、多粒率、损伤率和破碎率为囊种性能指标,采用两因素五水平的正交旋转组合设计的试验方案。因素水平编码表如表7-1所示,两因素五水平二次正交旋转组合设计试验安排表如表7-2所示。

表7-1 因素水平编码表

玉米品种	德美亚1号		龙单47		先玉335	
	因素水平		因素水平		因素水平	
编码值 x_j	型孔直径 x_1/mm	种箱速度 x_2 /(mm·s^{-1})	型孔直径 x_1/mm	种箱速度 x_2 /(mm·s^{-1})	型孔直径 x_1/mm	种箱速度 x_2 /(mm·s^{-1})
上星号臂(γ)	16	135	17	135	17	135
上水平(+1)	15.41≈15	129.14≈129	16.41≈16	129.14≈129	16.41≈16	129.14≈129
零水平(0)	14	115	15	115	15	115
下水平(-1)	12.59≈13	100.86≈101	14.59≈14	100.86≈101	14.59≈14	100.86≈101
下星号臂($-\gamma$)	12	95	13	95	13	95

表7-2 两因素五水平二次正交旋转组合设计试验安排表

试验序号	x_1	x_2	y
1	1	1	y_1
2	1	-1	y_2
3	-1	1	y_3
4	-1	-1	y_4
5	-1.414 21	0	y_5
6	1.414 21	0	y_6
7	0	-1.414 21	y_7
8	0	1.414 21	y_8

表7-2 （续）

试验序号	x_1	x_2	y
9	0	0	y_9
10	0	0	y_{10}
11	0	0	y_{11}
12	0	0	y_{12}
13	0	0	y_{13}
14	0	0	y_{14}
15	0	0	y_{15}
16	0	0	y_{16}

7.3.2 试验因素对性能指标影响的统计及效应分析

1. 德美亚1号,试验因素对性能指标影响的统计及效应分析

(1)试验方案及数据结果

多因素试验方案和试验数据如表7-3所示。

表7-3 二次正交旋转组合设计试验方案及数据结果

试验序号	型孔直径 /mm	种箱速度 /(mm · s^{-1})	单粒率/%	空穴率/%	多粒率/%	损伤率/%	破碎率/%
1	15	129	56.19	0.95	42.86	0.00	0.00
2	15	101	26.67	0.00	73.33	0.00	0.00
3	13	129	82.14	7.69	10.17	0.60	0.60
4	13	101	76.19	15.48	8.33	0.00	0.00
5	12	115	82.15	17.15	0.70	0.50	0.80
6	16	115	42.86	0.00	57.14	0.00	0.00
7	14	95	33.33	0.00	66.67	0.00	0.00
8	14	135	57.94	3.97	38.09	0.00	0.00
9	14	115	88.57	3.00	8.43	0.00	0.00
10	14	115	97.14	1.00	1.86	0.00	0.00
11	14	115	94.29	4.00	1.71	0.00	0.00
12	14	115	91.43	2.50	6.07	0.00	0.20
13	14	115	95.57	0.50	3.93	0.00	0.00
14	14	115	87.43	3.50	9.07	0.15	0.00

表 7 - 3 （续）

试验序号	型孔直径 /mm	种箱速度 /(mm·s^{-1})	单粒率/%	空穴率/%	多粒率/%	损伤率/%	破碎率/%
15	14	115	92.43	5.60	1.97	0.00	0.00
16	14	115	89.57	0.10	10.33	0.00	0.00

（2）试验数据结果回归方程

根据正交旋转试验结果，采用 DPS 数据处理系统，对试验数据进行回归，得到各个试验因素与性能指标之间关系的回归方程如下：

单粒率

$$y = 92.053\ 75 - 16.379\ 31x_1 + 8.784\ 22x_2 - 13.217\ 50x_1^2 - 21.652\ 50x_2^2 + 5.892\ 50x_1x_2$$

空穴率

$$y = 2.525\ 00 - 5.809\ 22x_1 - 0.153\ 20x_2 + 3.212\ 50x_1^2 - 0.082\ 50x_2^2 + 2.185\ 00x_1x_2$$

多粒率

$$y = 5.421\ 25 + 22.188\ 53x_1 - 8.631\ 03x_2 + 10.005\ 00x_1^2 + 21.735\ 00x_2^2 - 8.077\ 50x_1x_2$$

试验中性能指标中的损伤率和破碎率很小，几乎为零，试验因素与损伤率和破碎率之间没有显著影响规律。

（3）回归方程显著性检验

回归方程显著性检验如表 7 - 4、表 7 - 5 所示，$F_1 < F_{0.05}$ 时不显著，方程拟合很好。$F_2 > F_{0.01}$ 时显著，方程有意义。

表 7 - 4 F_1 检验表

回归方程	F_1	比较条件	F 查表值	检验结果	说明
单粒率	3.555	<	$F_{0.05}(3,7) = 4.35$	不显著	方程拟合很好
空穴率	1.954	<	$F_{0.05}(3,7) = 4.35$	不显著	方程拟合很好
多粒率	4.126	<	$F_{0.05}(3,7) = 4.35$	不显著	方程拟合很好

表 7 - 5 F_2 检验表

回归方程	F_2	比较条件	F 查表值	检验结果	说明	贡献率
单粒率	76.456	>	$F_{0.01}(5,10) = 5.64$	显著	拟合很好	$\Delta_1 = 2.399, \Delta_2 = 2.384$
空穴率	16.117	>	$F_{0.01}(5,10) = 5.64$	显著	拟合很好	$\Delta_1 = 2.306, \Delta_2 = 0.379$
多粒率	77.440	>	$F_{0.01}(5,10) = 5.64$	显著	拟合很好	$\Delta_1 = 2.417, \Delta_2 = 2.407$

经 t 检验，$\alpha = 0.5$ 显著水平剔除不显著项，其他回归系数都在不同程度上显著，因此，回归方程可简化为

单粒率

$$y = 92.053\ 75 - 16.379\ 31x_1 + 8.784\ 22x_2 - 13.217\ 50x_1^2 - 21.652\ 50x_2^2$$

空穴率

$$y = 2.525\ 00 - 5.809\ 22x_1 + 3.212\ 50x_1^2$$

多粒率

$$y = 5.421\ 25 + 22.188\ 53x_1 - 8.631\ 03x_2 + 10.005\ 00x_1^2 + 21.735\ 00x_2^2 - 8.077\ 50x_1x_2$$

（4）试验因素对性能指标的影响分析

根据玉米芽种精量播种装置囊种试验结果，对性能指标进行单因素和双因素效应分析。

单因素效应分析指各性能指标的回归方程中有两个变量，为了直观地找出各因素（变量）对各性能指标的影响，分别让两个因素中的一个因素取不同水平，观察另一因素对各性能指标的影响。

双因素效应分析指根据试验数据借助等高线和双因素曲面图的方法，描述两个因素对各性能指标的影响效应。

①单粒率。

a. 型孔直径与单粒率之间的关系。

在模型中将种箱速度固定在 −1,0,1 水平上，可分别得到型孔直径与单粒率之间的一元回归模型。

曲线 1$(x_1, -1)$

$$y = 92.053\ 75 - 16.379\ 31x_1 - 8.784\ 22 - 13.217\ 50x_1^2 - 21.652\ 50$$

曲线 2$(x_1, 0)$

$$y = 92.053\ 75 - 16.379\ 31x_1 - 13.217\ 50x_1^2$$

曲线 3$(x_1, 1)$

$$y = 92.053\ 75 - 16.379\ 31x_1 + 8.784\ 22 - 13.217\ 50x_1^2 - 21.652\ 50$$

b. 种箱速度与单粒率之间的关系。

在模型中将型孔直径固定在 −1,0,1 水平上，可分别得到种箱速度与单粒率之间的一元回归模型。

曲线 1$(-1, x_2)$

$$y = 92.053\ 75 + 16.379\ 31 + 8.784\ 22x_2 - 13.217\ 50 - 21.652\ 50x_2^2$$

曲线 2$(0, x_2)$

$$y = 92.053\ 75 + 8.784\ 22x_2 - 21.652\ 50x_2^2$$

曲线 3$(1, x_2)$

$$y = 92.053\ 75 - 16.379\ 31 + 8.784\ 22x_2 - 13.217\ 50 - 21.652\ 50x_2^2$$

图 7-20 所示为型孔直径对单粒率的影响。由图可见，不论种箱速度取何水平，随着型孔直径的逐渐增加，单粒率呈先上升后急剧下降的趋势。当型孔直径取 −1 水平时，单粒率值较大。当型孔直径取 −1 水平，同时种箱速度取 0 水平时，单粒率达到最大值 95.22%；当型孔直径取 1.414 水平，种箱速度取 −1 水平时，单粒率达到最小值 12.03%。

图 7-21 为种箱速度对单粒率的影响。由图可见，随着种箱速度的逐渐增加，单粒率呈

先上升后下降的趋势,但当型孔直径取不同水平时,趋势有显著不同。当型孔直径取 -1 或 0 水平,种箱速度为 0 水平时,单粒率值较大;当型孔直径取 1 水平,种箱速度为 -1 水平时,单粒率值较大。种箱速度取 0 水平,同时型孔直径取 -1 水平时,单粒率达到最大值 95.22%;当型孔直径取 1 水平,种箱速度取 -1.414 水平时,单粒率达到最小值 6.74%。

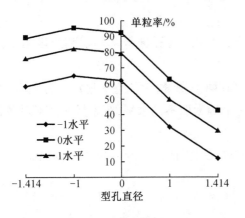

图 7-20　型孔直径对单粒率的影响　　　　图 7-21　种箱速度对单粒率的影响

c. 型孔直径与种箱速度的交互作用对单粒率的影响分析。

图 7-22 所示为型孔直径与种箱速度对单粒率的影响。由图可见,当型孔直径处于较低水平时,随着种箱速度水平的增加,单粒率呈先上升后下降的趋势;当型孔直径处于较高水平时,随着种箱速度水平的增加,单粒率仍呈先上升后下降的趋势,但单粒率值整体有很大幅度下降。当种箱速度固定时,随着型孔直径水平的减少,单粒率呈先缓慢上升然后逐渐下降,后期缓慢下降的趋势。而种箱速度处于不同水平时,单粒率虽总体变化趋势不变,但数值有很大幅度变化。由图可见单粒率最大值出现在型孔直径 -0.5 水平、种箱速度 0 水平时。由各因素的贡献率和交互作用可知,对单粒率影响的大小顺序为型孔直径 > 种箱速度。

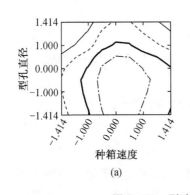

(a)

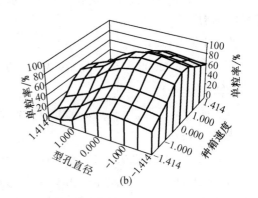

(b)

图 7-22　型孔直径与种箱速度对单粒率的影响

②空穴率。

a. 型孔直径与空穴率之间的关系。

在模型中将种箱速度固定在 $-1,0,1$ 水平上,型孔直径与空穴率之间的一元回归模型为同一个,即 $y = 2.525\ 00 - 5.809\ 22x_1 + 3.212\ 50x_1^2$。

图 7－23 所示为型孔直径对空穴率的影响。由图可见,无论种箱速度取何水平,都不影响型孔直径对空穴率的影响,即种箱速度与性能指标空穴率之间无显著关系。当型孔直径水平增加时,空穴率迅速下降,在后期略有上升但上升幅度很小。由图可知,空穴率最小值出现在型孔直径为 1 水平时。

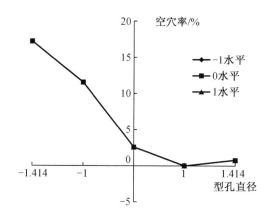

图 7－23　型孔直径对空穴率的影响

b. 型孔直径与种箱速度的交互作用对空穴率的影响分析。

图 7－24 所示为型孔直径与种箱速度对空穴率的影响。由图可见,种箱速度对空穴率无显著影响。当型孔直径在 $-1.414 \sim 1$ 水平时,空穴率呈显著下降趋势;当型孔直径在 $1 \sim 1.414$ 水平时,空穴率有小幅上升趋势,幅度很小不明显。空穴率的最小值出现在型孔直径为 1 水平时。影响空穴率的主要因素为型孔直径。

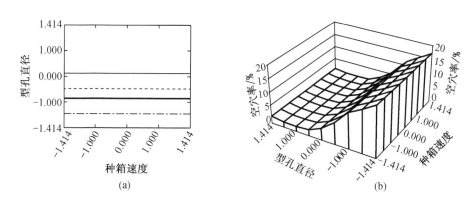

图 7－24　型孔直径与种箱速度对空穴率的影响

③多粒率。

a. 型孔直径与多粒率之间的关系。

在模型中将种箱速度固定在 $-1,0,1$ 水平上,可分别得到型孔直径与多粒率之间的一元回归模型。

曲线 $1(x_1, -1)$

$$y = 5.421\ 25 + 22.188\ 53x_1 + 8.631\ 03 + 10.005\ 00x_1^2 + 21.735\ 00 + 8.077\ 50x_1$$

曲线 $2(x_1, 0)$

$$y = 5.421\ 25 + 22.188\ 53x_1 + 10.005\ 00x_1^2$$

曲线 $3(x_1, 1)$

$$y = 5.421\ 25 + 22.188\ 53x_1 - 8.631\ 03 + 10.005\ 00x_1^2 + 21.735\ 00 - 8.077\ 50x_1$$

b. 种箱速度与多粒率之间的关系。

在模型中将型孔直径固定在 -1,0,1 水平上,可分别得到种箱速度与多粒率之间的一元回归模型。

曲线 $1(-1, x_2)$

$$y = 5.421\ 25 - 22.188\ 53 - 8.631\ 03x_2 + 10.005\ 00 + 21.735\ 00x_2^2 + 8.077\ 50x_2$$

曲线 $2(0, x_2)$

$$y = 5.421\ 25 - 8.631\ 03x_2 + 21.735\ 00x_2^2$$

曲线 $3(1, x_2)$

$$y = 5.421\ 25 + 22.188\ 53 - 8.631\ 03x_2 + 10.005\ 00 + 21.735\ 00x_2^2 - 8.077\ 50x_2$$

图 7 - 25 所示为型孔直径对多粒率的影响。由图可见,随着型孔直径水平的增加,多粒率先有小幅度的下降趋势然后立即迅速上升。在钵盘精量播种中,希望实现单粒播种,也就是说多粒率越小越好。由图可知,多粒率的有效最小值出现在型孔直径为 0 水平,种箱速度为 0 水平时,最小值为 5.42%。

图 7 - 26 所示为种箱速度对多粒率的影响。由图可见,当型孔直径处于不同水平时,随着种箱速度水平的增加,多粒率变化趋势相近,均为先下降再上升,但数值差异较大。由图可知,多粒率的有效最小值出现在种箱速度为 0 水平,型孔直径为 0 水平时,最小值为 5.42%。

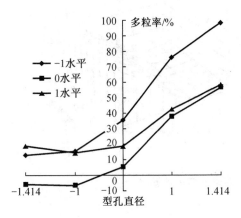

图 7 - 25　型孔直径对多粒率的影响

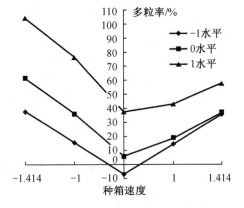

图 7 - 26　种箱速度对多粒率的影响

c.型孔直径与种箱速度的交互作用对多粒率的影响分析

图7-27所示为型孔直径与种箱速度对多粒率的影响。由图可知,当型孔直径固定时,随着种箱速度水平的增加,多粒率呈先下降再上升的趋势。当种箱速度固定时,随着型孔直径水平的增加,多粒率呈上升趋势。由图可知,有效多粒率最小值出现在型孔直径为-0.5水平,种箱速度为0.5水平时。由各因素的贡献率和交互作用可知,试验因素对多粒率影响的大小顺序为型孔直径 > 种箱速度。

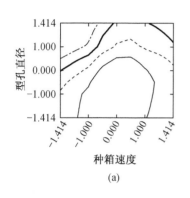
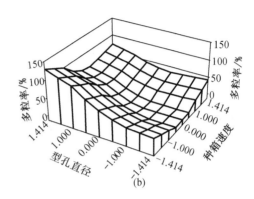

(a)　　　　　　　　　　　　　　(b)

图7-27　型孔直径与种箱速度对多粒率的影响

由于试验中损伤率和破碎率几乎为零,因此型孔直径和种箱速度对其的影响忽略不计。

(5)性能指标优化

根据播种装置的囊种性能要求,利用主目标函数法,分别以单粒率、空穴率和多粒率为囊种性能指标的回归方程作为目标函数,其他回归方程作为约束条件,设计优化模型如下。

①以单粒率作为目标函数,得到优化模型为

$$\max \quad 92.053\,75 - 16.379\,31x_1 + 8.784\,22x_2 - 13.217\,50x_1^2 - 21.652\,50x_2^2$$

$$\text{s. t.} \quad 0 \leqslant 2.525\,00 - 5.809\,22x_1 + 3.212\,50x_1^2 \leqslant 10$$

$$0 \leqslant 5.421\,25 + 22.188\,53x_1 - 8.631\,03x_2 + 10.005\,00x_1^2 + 21.735\,00x_2^2 - 8.077\,50x_1x_2 \leqslant 15$$

$$-1.414 \leqslant x_1 \leqslant 1.414$$

$$-1.414 \leqslant x_2 \leqslant 1.414$$

②以空穴率作为目标函数,得到优化模型为

$$\min \quad 2.525\,00 - 5.809\,22x_1 + 3.212\,50x_1^2$$

$$\text{s. t.} \quad 80 \leqslant 92.053\,75 - 16.379\,31x_1 + 8.784\,22x_2 - 13.217\,50x_1^2 - 21.652\,50x_2^2 \leqslant 100$$

$$0 \leqslant 5.421\,25 + 22.188\,53x_1 - 8.631\,03x_2 + 10.005\,00x_1^2 + 21.735\,00x_2^2 - 8.077\,50x_1x_2 \leqslant 15$$

$$-1.414 \leqslant x_1 \leqslant 1.414$$

$$-1.414 \leqslant x_2 \leqslant 1.414$$

③以多粒率作为目标函数,得到优化模型为

$$\min \quad 5.421\,25 + 22.188\,53x_1 - 8.631\,03x_2 + 10.005\,00x_1^2 + 21.735\,00x_2^2 - 8.077\,50x_1x_2$$

$$\text{s. t.} \quad 80 \leqslant 92.053\,75 - 16.379\,31x_1 + 8.784\,22x_2 - 13.217\,50x_1^2 - 21.652\,50x_2^2 \leqslant 100$$

$$0 \leqslant 2.525\,00 - 5.809\,22x_1 + 3.212\,50x_1^2 \leqslant 10$$

$$-1.414 \leqslant x_1 \leqslant 1.414$$

$$-1.414 \leqslant x_2 \leqslant 1.414$$

优化求解后,得到不同目标函数下的最佳参数组合方案如表7-6所示。

表7-6　不同目标函数的最佳参数组合方案

德美亚1号				
目标函数	型孔直径 x_1		种箱速度 x_2	
	因素水平	实际值/mm	因素水平	实际值/(m·s⁻¹)
单粒率	−0.283 3	13.72	0.301 2	0.119
空穴率	0.425 5	14.43	0.277 6	0.119
多粒率	−0.869 1	13.13	−0.345 6	0.110

表7-6表明不同性能指标作为目标函数时的最佳参数组合方案。由于性能指标中单粒率和空穴率尤为重要,因此综合考虑型孔直径多数接近0水平,种箱速度多数接近0.3水平。综合考虑后得出装置的优化参数组合方案为:型孔直径取0水平,即14 mm,种箱速度取0.3水平,即0.119 m/s。

(6)验证试验

这里根据参数优化组合方案结果,进行验证试验。型孔板厚度为6 mm、型孔直径为14 mm、种箱速度为0.119 m/s,其他试验参数不变,试验重复5次取平均值。试验结果:单粒率为94.29%,空穴率为2.84%,多粒率为2.86%,损伤率为0,破碎率为0.71%。这一结果满足精量播种技术要求。

2. 龙单47,试验因素对性能指标影响的统计及效应分析

(1)试验方案及数据结果

多因素试验方案及数据结果如表7-7所示。

表7-7　二次正交旋转组合设计试验方案及数据结果

试验序号	型孔直径 /mm	种箱速度 /(mm·s⁻¹)	单粒率/%	空穴率/%	多粒率/%	损伤率/%	破碎率/%
1	16	129	73.81	6.35	19.84	0.00	0.00
2	16	101	73.02	4.79	22.19	0.00	0.00
3	14	129	87.86	11.43	0.71	0.00	0.00
4	14	101	87.71	8.57	3.71	0.00	0.00
5	13	115	82.54	16.67	0.79	0.00	0.00
6	17	115	46.03	7.24	46.73	0.00	0.00
7	15	95	91.25	2.02	6.74	0.00	0.00
8	15	135	90.48	2.90	6.62	0.00	0.00

表 7 - 7(续)

试验序号	型孔直径/mm	种箱速度/(mm·s⁻¹)	单粒率/%	空穴率/%	多粒率/%	损伤率/%	破碎率/%
9	15	115	71.43	0.01	28.56	0.00	0.00
10	15	115	72.34	0.96	26.70	0.00	0.00
11	15	115	85.71	0.65	13.63	0.00	0.00
12	15	115	76.35	0.00	23.65	0.00	0.00
13	15	115	76.65	0.99	22.36	0.00	0.00
14	15	115	78.65	0.00	21.35	0.00	0.00
15	15	115	82.36	0.00	17.64	0.00	0.00
16	15	115	72.38	0.11	27.51	0.00	0.00

（2）试验数据结果回归方程

根据正交旋转试验结果，采用 DPS 数据处理系统，对试验数据回归，得到各试验因素与性能指标之间关系的回归方程如下：

单粒率

$$y = 76.985\,92 - 10.047\,01x_1 - 0.019\,00x_2 - 5.593\,65x_1^2 + 7.694\,01x_2^2 + 0.162\,70x_1x_2$$

空穴率

$$y = 0.340\,19 - 3.442\,51x_1 + 0.040\,11x_2 + 5.616\,58x_1^2 + 0.870\,55x_2^2 - 1.662\,70x_1x_2$$

多粒率

$$y = 22.673\,88 + 12.820\,86x_1 - 0.689\,76x_2 - 0.357\,26x_1^2 - 8.898\,89x_2^2 + 0.162\,70x_1x_2$$

试验性能指标中的损伤率和破碎率几乎为零，因素与损伤率和破碎率之间没有显著影响规律。

（3）回归方程显著性检验

回归方程显著性检验表如表 7 - 8 和表 7 - 9 所示，$F_1 < F_{0.05}$ 为不显著，方程拟合很好。$F_2 > F_{0.01}$ 为显著，方程有意义。

表 7 - 8 F_1 检验表

回归方程	F_1	比较条件	F 查表值	检验结果	说明
单粒率	1.080	<	$F_{0.05}(3,7) = 4.35$	不显著	方程拟合很好
空穴率	3.048	<	$F_{0.05}(3,7) = 4.35$	不显著	方程拟合很好
多粒率	1.557	<	$F_{0.05}(3,7) = 4.35$	不显著	方程拟合很好

表 7 - 9 F_2 检验表

回归方程	F_2	比较条件	F 查表值	检验结果	说明	贡献率
单粒率	11.500	>	$F_{0.01}(5,10) = 5.64$	显著	拟合很好	$\Delta_1 = 1.860\ 6, \Delta_2 = 0.943\ 8$
空穴率	223.626	>	$F_{0.01}(5,10) = 5.64$	显著	拟合很好	$\Delta_1 = 2.480\ 5, \Delta_2 = 1.431\ 5$
多粒率	12.720	>	$F_{0.01}(5,10) = 5.64$	显著	拟合很好	$\Delta_1 = 0.976\ 6, \Delta_2 = 0.951\ 5$

经 t 检验, $\alpha = 0.5$ 显著水平剔除不显著项, 其他回归系数都在不同程度上显著, 因此, 回归方程可简化为

单粒率

$$y = 76.985\ 92 - 10.047\ 01x_1 + 7.694\ 01x_2^2$$

空穴率

$$y = 0.340\ 19 - 3.442\ 51x_1 + 5.616\ 58x_1^2 + 0.870\ 55x_2^2 - 1.662\ 70x_1x_2$$

多粒率

$$y = 22.673\ 88 + 12.820\ 86x_1 - 8.898\ 89x_2^2$$

(4)因素对性能指标的图形分析

①单粒率。

a. 型孔直径与单粒率之间的关系。

在模型中将种箱速度固定在 -1, 0, 1 水平上, 可分别得到型孔直径与单粒率之间的一元回归模型。

曲线 $1(x_1, -1)$

$$y = 84.679\ 93 - 10.047\ 01x_1$$

曲线 $2(x_1, 0)$

$$y = 76.985\ 92 - 10.047\ 01x_1$$

曲线 $3(x_1, 1)$

$$y = 84.679\ 93 - 10.047\ 01x_1$$

b. 种箱速度与单粒率之间的关系。

在模型中将型孔直径固定在 -1, 0, 1 水平上, 可分别得到种箱速度与单粒率之间的一元回归模型。

曲线 $1(-1, x_2)$

$$y = 87.032\ 93 + 7.694\ 01x_2^2$$

曲线 $2(0, x_2)$

$$y = 76.985\ 92 + 7.694\ 01x_2^2$$

曲线 $3(1, x_2)$

$$y = 66.938\ 91 + 7.694\ 01x_2^2$$

图 7 - 28 所示为型孔直径对性能指标单粒率的影响。由图可见, 不论种箱速度取何水平, 随着型孔直径水平的逐渐增加, 单粒率呈逐步下降的趋势。且种箱速度为 -1 水平和 1

水平时,型孔直径与单粒率的影响关系曲线重合。当型孔直径取 – 1.414 水平时,单粒率值较大。当型孔直径取 – 1.414 水平,种箱速度取 – 1 或 1 水平时,单粒率达到最大值,为98.88%;当型孔直径取 1.414 水平,种箱速度取 0 水平时,单粒率达到最小值,为62.78%。

图 7 – 29 所示为种箱速度对性能指标单粒率的影响。由图可见,不论型孔直径取何水平,随着种箱速度水平的逐渐增加,单粒率呈先下降后上升的趋势,转折点位于种箱速度为 0 水平时。当种箱速度为 – 1.414 水平,型孔直径为 – 1 水平时或当种箱速度为 1.414 水平,型孔直径为 – 1 水平时,单粒率达到最大值。当种箱速度为 0 水平,型孔直径为 1 水平时,单粒率达到最小值,为66.94%。

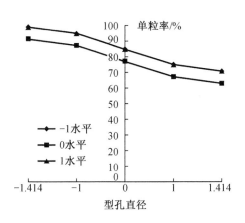

图 7 – 28　型孔直径对单粒率的影响　　　图 7 – 29　种箱速度对单粒率的影响

c. 两因素效应分析。

图 7 – 30 所示为型孔直径与种箱速度对单粒率的影响。由图可见,当型孔直径固定,随着种箱速度水平的增加,单粒率呈先下降后升高的趋势;当种箱速度固定,随着型孔直径水平的增大,单粒率呈缓慢下降的趋势。由图可知,有效的单粒率最大值出现在型孔直径为 – 1.414 水平,种箱速度为 1 水平或型孔直径为 – 1.414 水平,种箱速度为 – 1 水平时。由各因素的贡献率和交互作用可知,试验因素对单粒率影响的大小顺序为型孔直径 > 种箱速度。

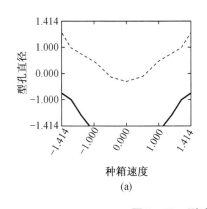
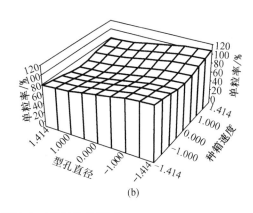

(a)　　　　　　　　　　　　　　　　　(b)

图 7 – 30　型孔直径与种箱速度对单粒率的影响

②空穴率。

a. 型孔直径与空穴率之间的关系。

在模型中将种箱速度固定在 $-1,0,1$ 水平上,可分别得到型孔直径与空穴率之间的一元回归模型。

曲线 $1(x_1, -1)$

$$y = 1.210\,74 - 1.779\,81x_1 + 5.616\,58x_1^2$$

曲线 $2(x_1, 0)$

$$y = 0.340\,19 - 3.442\,51x_1 + 5.616\,58x_1^2$$

曲线 $3(x_1, 1)$

$$y = 1.210\,74 - 5.105\,21x_1 + 5.616\,58x_1^2$$

b. 种箱速度与空穴率之间的关系。

在模型中将型孔直径固定在 $-1,0,1$ 水平上,可分别得到种箱速度与空穴率之间的一元回归模型。

曲线 $1(-1, x_2)$

$$y = 9.399\,287 + 0.870\,55x_2^2 + 1.662\,70x_2$$

曲线 $2(0, x_2)$

$$y = 0.340\,19 + 0.870\,55x_2^2$$

曲线 $3(1, x_2)$

$$y = 2.514\,26 + 0.870\,55x_2^2 - 1.662\,70x_2$$

图 7-31 所示为型孔直径对空穴率的影响。由图可见,无论种箱速度为何水平时,随着型孔直径水平的增加,空穴率均呈先急剧下降后迅速上升的趋势,转折点均位于型孔直径为 0 水平时。当型孔直径为 0 水平,种箱速度为 0 水平时,空穴率达到最小值,为 0.34%。

图 7-32 所示为种箱速度对空穴率的影响。由图可见,当型孔直径为 -1 水平时,随着种箱速度水平的增加,空穴率呈上升趋势;当型孔直径为 0 水平时,随着种箱速度水平的增加,空穴率呈先下降后上升趋势;当型孔直径为 1 水平时,随着种箱速度水平的增加,空穴率呈下降趋势。由图可知,当种箱速度为 0 水平,型孔直径为 0 水平时,空穴率达到最小值,为 0.34%。

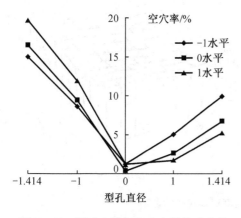

图 7-31 型孔直径与空穴率的关系曲线

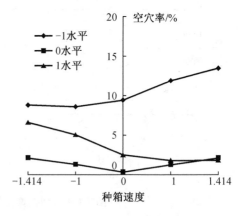

图 7-32 种箱速度与空穴率的关系曲线

c. 两因素效应分析。

图 7 – 33 所示为型孔直径与种箱速度对空穴率的影响。

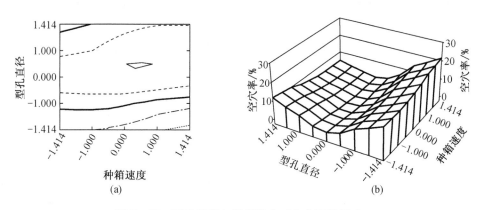

图 7 – 33 型孔直径与种箱速度对空穴率的影响

由图可知,当型孔直径处于较低水平时,随着种箱速度水平的增加,空穴率呈缓慢上升的趋势;当型孔直径处于较高水平时,随着种箱速度水平的增加,空穴率呈先降低后升高的趋势;当种箱速度固定时,随着型孔直径的增大,空穴率呈先下降后上升趋势。由图可知,有效的空穴率最小值出现在型孔直径和种箱速度均为 0 水平时。由各因素的贡献率和交互作用可知,试验因素对空穴率影响的大小顺序为型孔直径 > 种箱速度。

③多粒率。

a. 型孔直径与多粒率之间的关系。

在模型中将种箱速度固定在 $-1,0,1$ 水平上,可分别得到型孔直径与多粒率之间的一元回归模型。

曲线 $1(x_1, -1)$

$$y = 13.774\ 89 + 12.820\ 86x_1$$

曲线 $2(x_1, 0)$

$$y = 22.673\ 88 + 12.820\ 86x_1$$

曲线 $3(x_1, 1)$

$$y = 13.774\ 89 + 12.820\ 86x_1$$

b. 种箱速度与多粒率之间的关系。

在模型中将型孔直径固定在 $-1,0,1$ 水平上,可分别得到种箱速度与多粒率之间的一元回归模型。

曲线 $1(-1, x_2)$

$$y = 9.845\ 28 - 8.898\ 89x_2^2$$

曲线 $2(0, x_2)$

$$y = 22.673\ 88 - 8.898\ 89x_2^2$$

曲线 $3(1, x_2)$

$$y = 35.494\ 74 - 8.898\ 89x_2^2$$

图 7 – 34 所示为型孔直径对多粒率的影响。由图可见,无论种箱速度为何水平,随着型

孔直径水平的增加,多粒率均呈上升的趋势。且种箱速度为-1水平和1水平时,型孔直径对多粒率影响关系曲线重合。当型孔直径为-1水平,种箱速度为-1水平或1水平时,多粒率达到有效最小值,为0.95%。当型孔直径为1.414水平,种箱速度为0水平时,多粒率达到最大值,为40.80%。

图7-35所示为种箱速度对多粒率的影响。由图可见,无论型孔直径为何水平,随着种箱速度水平的增加,多粒率均呈先迅速上升后迅速下降的趋势,转折点均位于种箱速度为0水平时。当种箱速度为0水平,型孔直径为1水平时,多粒率达到最大值,为35.49%。当种箱速度为-1平或1水平,型孔直径为-1水平时,多粒率达到有效的最小值0.95%。

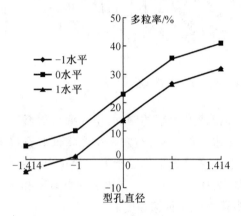

图7-34　型孔直径与多粒率的关系曲线

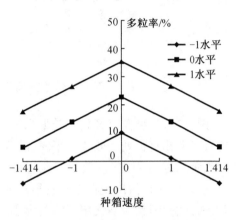

图7-35　种箱速度与多粒率的关系曲线

c.两因素效应分析。

图7-36所示为型孔直径与种箱速度对多粒率的影响。由图可见,当型孔直径固定,随着种箱速度水平的增加,多粒率呈先上升后下降的趋势,但型孔直径水平不同时多粒率值差异很大;当种箱速度固定,随着型孔直径水平的增大,多粒率呈上升趋势,且先缓后急。由图可知,有效的多粒率最小值出现在型孔直径为-1水平,种箱速度为-1或1水平时。影响多粒率的主要因素为型孔直径。由各因素的贡献率和交互作用可知,对多粒率影响的大小顺序为型孔直径>种箱速度,但影响程度相差不大。

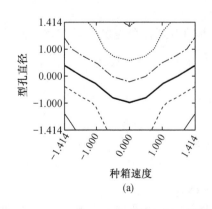

(a)

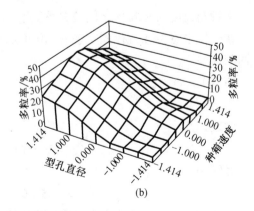

(b)

图7-36　型孔直径与种箱速度对多粒率的影响

由于试验中损伤率和破碎率几乎为零,因此型孔直径和种箱速度对其的影响忽略不计。

（5）性能指标优化

分别以单粒率、空穴率和多粒率三个囊种性能指标的回归方程作为目标函数,其他回归方程作为约束条件,设计优化模型如下。

①以单粒率作为目标函数,得到优化模型为

max $\quad 76.985\,92 - 10.047\,01x_1 + 7.694\,01x_2^2$

s. t. $\quad 0 \leqslant 0.340\,19 - 3.442\,51x_1 + 5.616\,58x_1^2 + 0.870\,55x_2^2 - 1.662\,70x_1x_2 \leqslant 10$

$\quad\quad 0 \leqslant 22.673\,88 + 12.820\,86x_1$

$\quad\quad 8.898\,89x_2^2 \leqslant 15$

$\quad\quad -1.414 \leqslant x_1 \leqslant 1.414$

$\quad\quad -1.414 \leqslant x_2 \leqslant 1.414$

②以空穴率作为目标函数,得到优化模型为

min $\quad 0.340\,19 - 3.442\,51x_1 + 5.616\,58x_1^2 + 0.870\,55x_2^2 - 1.662\,70x_1x_2$

s. t. $\quad 80 \leqslant 76.985\,92 - 10.047\,01x_1 + 7.694\,01x_2^2 \leqslant 100$

$\quad\quad 0 \leqslant 22.673\,88 + 12.820\,86x_1 - 8.898\,89x_2^2 \leqslant 15$

$\quad\quad -1.414 \leqslant x_1 \leqslant 1.414$

$\quad\quad -1.414 \leqslant x_2 \leqslant 1.414$

③以多粒率作为目标函数,得到优化模型为

min $\quad 22.673\,88 + 12.820\,86x_1 - 8.898\,89x_2^2$

s. t. $\quad 80 \leqslant 76.985\,92 - 10.047\,01x_1 + 7.694\,01x_2^2 \leqslant 100$

$\quad\quad 0 \leqslant 0.340\,19 - 3.442\,51x_1 + 5.616\,58x_1^2 + 0.870\,55x_2^2 - 1.662\,70x_1x_2 \leqslant 10$

$\quad\quad -1.414 \leqslant x_1 \leqslant 1.414$

$\quad\quad -1.414 \leqslant x_2 \leqslant 1.414$

通过 MATLAB 优化求解后,得到不同目标函数下的最佳参数组合方案,如表 7-10 所示。

表 7-10 不同目标函数下的最佳参数组合方案

龙单 47				
目标函数	型孔直径 x_1		种箱速度 x_2	
	因素水平	实际值/mm	因素水平	实际值/(m·s⁻¹)
单粒率	−0.380 7	14.619 3	−1.414 0	95
空穴率	−1.000 0	14.000 0	−1.000 0	101
多粒率	−1.000 0	14.000 0	−1.000 0	101

综合单因素和多因素试验中因素对囊种性能指标的影响及优化组合方案,按照以单粒

率最高为先,兼顾空穴率和多粒率较低为原则,综合考虑后得出试验因素的优化组合方案为型孔直径 14 mm,种箱速度 0.095 m/s。

(6)验证试验

根据参数优化组合方案结果,进行验证试验。型孔板厚度为 6 mm、型孔直径为14 mm,种箱速度为 0.095 m/s,其他试验参数不变,试验重复 5 次,取平均值。试验结果:单粒率为93.12%,空穴率为 2.01%,多粒率为 4.87%,损伤率为 0,破碎率为 0。这一结果满足精量播种技术要求。

3.先玉 335,试验因素对性能指标影响的统计及效应分析

(1)试验方案及数据结果

多因素试验方案及数据结果如表 7-11 所示。

表 7-11 二次正交旋转组合设计试验方案及数据结果

试验序号	型孔直径 /mm	种箱速度 /(mm·s^{-1})	单粒率/%	空穴率/%	多粒率/%	损伤率/%	破碎率/%
1	16	129	67.62	2.86	27.62	0.95	0.95
2	16	101	51.90	1.90	45.24	0.95	0.00
3	14	129	77.14	20.95	0.95	0.00	0.95
4	14	101	87.62	11.43	0.94	0.00	0.00
5	13	115	73.81	23.02	3.17	0.00	0.00
6	17	115	45.22	0.79	53.98	0.00	0.00
7	15	95	76.98	1.59	21.43	0.00	0.00
8	15	135	85.71	2.38	11.90	0.00	0.00
9	15	115	69.05	9.52	21.43	0.00	0.00
10	15	115	69.05	11.90	19.05	0.00	0.00
11	15	115	71.43	7.14	21.43	0.00	0.00
12	15	115	73.81	2.38	23.81	0.00	0.00
13	15	115	69.05	11.90	19.05	0.00	0.00
14	15	115	76.19	0.00	23.81	0.00	0.00
15	15	115	71.43	7.14	21.43	0.00	0.00
16	15	115	73.81	4.76	21.43	0.00	0.00

(2)试验数据结果回归方程

根据正交旋转试验结果,采用 DPS 数据处理系统对试验数据进行回归,得到各试验因素与性能指标之间关系的回归方程如下:

单粒率

$$y = 71.726\,19 - 10.708\,33x_1 + 2.198\,05x_2 - 5.945\,44x_1^2 + 4.971\,23x_2^2 + 6.547\,62x_1x_2$$

空穴率

$$y = 6.845\ 24 - 7.380\ 75x_1 + 1.449\ 82x_2 + 3.115\ 08x_1^2 - 1.845\ 24x_2^2 - 2.142\ 86x_1x_2$$

多粒率

$$y = 21.428\ 57 + 17.850\ 99x_1 - 3.885\ 97x_2 + 2.592\ 26x_1^2 - 3.364\ 09x_2^2 - 4.404\ 76x_1x_2$$

试验性能指标中的损伤率和破碎率几乎为零,因素与损伤率和破碎率之间没有显著影响规律。

（3）回归方程显著性检验

回归方程显著性检验如表 7-12 和表 7-13 所示,$F_1 < F_{0.05}$ 为不显著,方程拟合很好。$F_2 > F_{0.01}$ 为显著,方程有意义。

表 7-12　F_1 检验表

回归方程	F_1	比较条件	F 查表值	检验结果	说明
单粒率	0.465	<	$F_{0.05}(3,7) = 4.35$	不显著	方程拟合很好
空穴率	0.427	<	$F_{0.05}(3,7) = 4.35$	不显著	方程拟合很好
多粒率	3.415	<	$F_{0.05}(3,7) = 4-35$	不显著	方程拟合很好

表 7-13　F_2 检验表

回归方程	F_2	比较条件	F 查表值	检验结果	说明	贡献率
单粒率	53.301	>	$F_{0.01}(5,10) = 5.64$	显著	拟合很好	$\Delta_1 = 2.454\ 5, \Delta_2 = 2.295\ 8$
空穴率	7.508	>	$F_{0.01}(5,10) = 5.64$	显著	拟合很好	$\Delta_1 = 1.849\ 7, \Delta_2 = 0.607\ 2$
多粒率	103.542	>	$F_{0.01}(5,10) = 5.64$	显著	拟合很好	$\Delta_1 = 2.357\ 9, \Delta_2 = 2.356\ 1$

经 t 检验,$\alpha = 0.5$ 显著水平剔除不显著项,其他回归系数都在不同程度上显著,因此,回归方程可简化为

单粒率

$$y = 71.726\ 19 - 10.708\ 33x_1 - 5.945\ 44x_1^2 + 4.971\ 23x_2^2 + 6.547\ 62x_1x_2$$

空穴率

$$y = 6.845\ 24 - 7.380\ 75x_1$$

多粒率

$$y = 21.428\ 57 + 17.850\ 99x_1 - 3.885\ 97x_2 - 3.364\ 09x_2^2 - 4.404\ 76x_1x_2$$

（4）因素对性能指标的图形分析

①单粒率。

a. 型孔直径对单粒率的影响。

在模型中将种箱速度固定在 $-1,0,1$ 水平上,可分别得到型孔直径与单粒率之间的一元回归模型。

曲线 $1(x_1, -1)$

$$y = 76.697\ 42 - 17.255\ 95x_1 - 5.945\ 44x_1^2$$

曲线 $2(x_1,0)$

$$y = 71.726\ 19 - 10.708\ 33x_1 - 5.945\ 44x_1^2$$

曲线 $3(x_1,1)$

$$y = 76.697\ 42 - 4.160\ 71x_1 - 5.945\ 44x_1^2$$

b. 种箱速度对单粒率的影响。

在模型中将型孔直径固定在 $-1,0,1$ 水平上,可分别得到种箱速度与单粒率之间的一元回归模型。

曲线 $1(-1,x_2)$

$$y = 76.489\ 08 + 4.971\ 23x_2^2 - 6.547\ 62x_2$$

曲线 $2(0,x_2)$

$$y = 71.726\ 19 + 4.971\ 23x_2^2$$

曲线 $3(1,x_2)$

$$y = 55.072\ 42 + 4.971\ 23x_2^2 + 6.547\ 62x_2$$

图 7-37 所示为型孔直径对单粒率的影响。由图可见,当种箱速度为 0 水平和 -1 水平时,随着型孔直径水平的增加,单粒率呈下降趋势,当种箱速度为 1 水平时,随着型孔直径水平的增加,单粒率呈先上升后下降趋势,转折点在型孔直径为 0 水平时。当种箱速度为 -1 水平,型孔直径为 -1.414 水平时,单粒率最高,为 89.21%。当种箱速度为 -1 水平,型孔直径为 1.414 水平时,单粒率达到最低,为 40.41%。

图 7-38 所示为种箱速度对单粒率的影响。由图可见,当种箱速度水平增加时,单粒率均为先下降后上升的趋势,但型孔直径水平不同时单粒率下降和上升的幅度也不同。当型孔直径为 -1 水平和 0 水平时,转折点在种箱速度为 0 水平时;当型孔直径为 1 水平时,转折点位于种箱速度为 -1 水平时。当型孔直径为 -1 水平,种箱速度在 -1.414 水平时,单粒率最高,为 95.69%。当型孔直径为 1 水平,种箱速度为 -1 水平时,单粒率达到最低,为 53.50%。

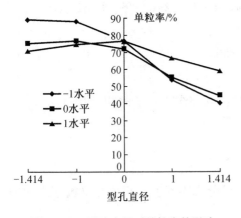

图 7-37　型孔直径对单粒率的影响

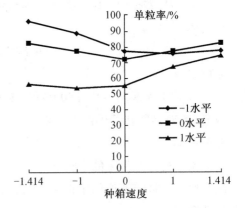

图 7-38　种箱速度对单粒率的影响

c. 两因素效应分析。

图 7-39 所示为型孔直径与种箱速度对单粒率的影响。由图可见,当型孔直径处于较低水平时,随着种箱速度水平的增加,单粒率呈先下降后略上升的趋势;当型孔直径处于较高水平时,随着种箱速度水平的增加,单粒率呈先略有下降后一直上升的趋势。当种箱速度处于较低水平时,随着型孔直径水平的增加,单粒呈下降趋势;当种箱速度处于较高水平时,随着型孔直径水平的增加,单粒率呈先上升后略有下降的趋势。单粒率最大值出现在型孔直径为 -1.414 水平,种箱速度为 -1.414 水平时。由各因素的贡献率和交互作用可知,试验因素对单粒率影响的大小顺序为型孔直径 > 种箱速度,但影响程度相差不大。

②空穴率。

a. 型孔直径与空穴率之间的关系。

在模型中将种箱速度固定在 -1,0,1 水平上,可得到型孔直径与空穴率之间的一元回归模型为 $y = 6.845\,24 - 7.380\,75x_1$。

图 7-40 所示为型孔直径对空穴率的影响。由图可见,无论种箱速度取何水平,都不影响型孔直径对空穴率的影响,即种箱速度与性能指标空穴率之间无显著联系。当型孔直径水平增加时,空穴率呈下降趋势。在播种试验中空穴率越小越好,由图可知有效空穴率最小值出现在型孔直径略小于 1 水平时。

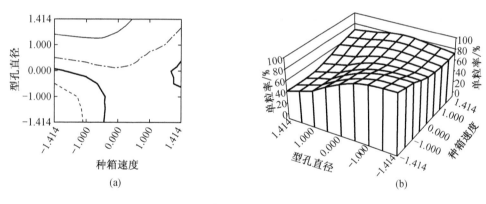

(a)　　　　　　　　　　　　　　　　　　(b)

图 7-39　型孔直径与种箱速度对单粒率的影响

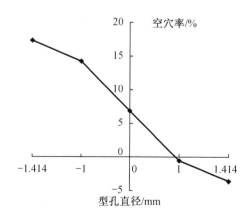

图 7-40　型孔直径对空穴率的影响

b. 两因素效应分析。

图 7 - 41 所示为型孔直径与种箱速度对空穴率的影响。

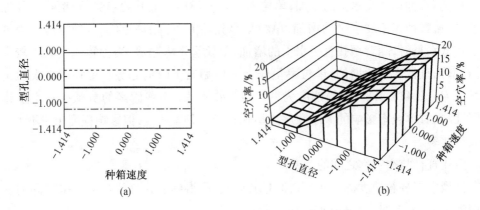

图 7 - 41　型孔直径与种箱速度对空穴率的影响

由图可见,空穴率只和型孔直径有关系,种箱速度对空穴率无显著影响。当型孔直径水平增加时,空穴率呈下降趋势。当型孔直径水平为 -1.414 ~ -1 时,空穴率变化缓慢;当型孔直径水平为 -1 ~ 1 时,空穴率迅速下降;当型孔直径水平为 1 ~ 1.414 时,空穴率变化缓慢。空穴率的有效最小值出现在型孔直径略小于 1 水平时。由各因素的贡献率和交互作用可知,试验因素对空穴率影响的大小顺序为型孔直径 > 种箱速度。

③多粒率。

a. 型孔直径与多粒率之间的关系。

在模型中将种箱速度固定在 -1,0,1 水平上,可分别得到型孔直径与多粒率之间的一元回归模型。

曲线 $1(x_1, -1)$

$$y = 21.950\ 45 + 22.255\ 75x_1$$

曲线 $2(x_1, 0)$

$$y = 21.428\ 57 + 17.850\ 99x_1$$

曲线 $3(x_1, 1)$

$$y = 14.178\ 51 + 13.446\ 23x_1$$

b. 种箱速度与多粒率之间的关系。

在模型中将型孔直径固定在 -1,0,1 水平上,可分别得到种箱速度与多粒率之间的一元回归模型。

曲线 $1(-1, x_2)$

$$y = 3.577\ 58 + 0.518\ 79x_2 - 3.364\ 09x_2^{\ 2}$$

曲线 $2(0, x_2)$

$$y = 21.428\ 57 - 3.885\ 97x_2 - 3.364\ 09x_2^{\ 2}$$

曲线 $3(1, x_2)$

$$y = 39.279\ 56 - 8.290\ 73x_2 - 3.364\ 09x_2^{\ 2}$$

图7-42 所示为型孔直径对多粒率的影响。由图可见,当型孔直径水平增加时,多粒率呈上升趋势。当种箱速度水平不同时,上升幅度不同。由图可知,当型孔直径为 -1 水平,种箱速度为 1 水平时,多粒率达到有效最小值为 0.73%。当型孔直径水平为 1.414,种箱速度为 0 水平时,多粒率达到最大值 57.90%。

图7-43 所示为种箱速度对多粒率的影响。由图可见,当型孔直径为 1 水平时,随着种箱速度水平的增加,多粒率呈下降趋势;当型孔直径为 0 水平和 -1 水平时,随着种箱速度水平的增加,多粒率呈先上升后下降的趋势,但转折点分别在种箱速度为 -1 水平和 0 水平时。由图可知,当型孔直径为 -1 水平,种箱速度为 1 水平时,多粒率达到有效最小值,为 0.73%。当型孔直径为 1 水平,种箱速度为 -1.414 水平时,多粒率达到最大值,为 44.28%。

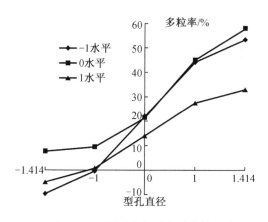

图7-42　型孔直径对多粒率的影响

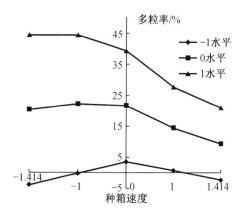

图7-43　种箱速度对多粒率的影响

c. 两因素效应分析。

图7-44 所示为型孔直径与种箱速度对多粒率的影响等高线图和曲面图。由图可见,当种箱速度固定时,随着型孔直径水平的增加,多粒率呈上升趋势。种箱速度水平较低时,上升幅度较大;种箱速度水平较高时,上升趋势较平缓。当型孔直径水平较高时,随着种箱速度水平的增加,多粒率呈下降趋势;当型孔直径水平较低时,随着种箱速度水平的增加,多粒率呈先上升再下降的趋势,但整体来看这部分变化的幅度不大。多粒率有效的最小值出现在型孔直径为 -1 水平,种箱速度为 0 水平时。由各因素的贡献率和交互作用可知,试验因素对多粒率影响的大小顺序为型孔直径 > 种箱速度,但两者影响程度相差甚微。

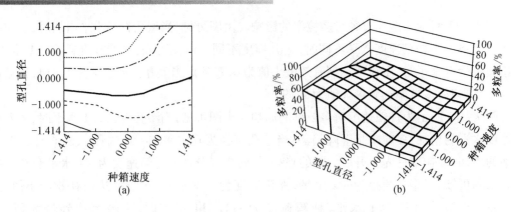

图 7 - 44   型孔直径与种箱速度对多粒率的影响

（5）性能指标优化

根据播种装置的囊种性能要求，分别以单粒率、空穴率和多粒率为囊种性能指标的回归方程作为目标函数，其他回归方程作为约束条件，设计优化模型如下。

①以单粒率作为目标函数，得到优化模型为：

max $71.726\,19 - 10.708\,33x_1 - 5.945\,44x_1^2 + 4.971\,23x_2^2 + 6.547\,62x_1x_2$

s. t. $0 \leqslant 6.845\,24 - 7.380\,75x_1 \leqslant 10$

$0 \leqslant 21.428\,57 + 17.850\,99x_1 - 3.885\,97x_2 - 3.364\,09x_2^2 - 4.404\,76x_1x_2 \leqslant 15$

$-1.414 \leqslant x_1 \leqslant 1.414$

$-1.414 \leqslant x_2 \leqslant 1.414$

②以空穴率作为目标函数，得到优化模型为

min $6.845\,24 - 7.380\,75x_1$

s. t. $80 \leqslant 71.726\,19 - 10.708\,33x_1 - 5.945\,44x_1^2 + 4.971\,23x_2^2 + 6.547\,62x_1x_2 \leqslant 100$

$0 \leqslant 21.428\,57 + 17.850\,99x_1 - 3.885\,97x_2 - 3.364\,09x_2^2 - 4.404\,76x_1x_2 \leqslant 15$

$-1.414 \leqslant x_1 \leqslant 1.414$

$-1.414 \leqslant x_2 \leqslant 1.414$

③以多粒率作为目标函数，得到优化模型为

min $21.428\,57 + 17.850\,99x_1 - 3.885\,97x_2 - 3.364\,09x_2^2 - 4.404\,76x_1x_2$

s. t. $80 \leqslant 71.726\,19 - 10.708\,33x_1 - 5.945\,44x_1^2 + 4.971\,23x_2^2 + 6.547\,62x_1x_2 \leqslant 100$

$0 \leqslant 6.845\,24 - 7.380\,75x_1 \leqslant 10$

$-1.414 \leqslant x_1 \leqslant 1.414$

$-1.414 \leqslant x_2 \leqslant 1.414$

优化求解后，得到不同目标函数下的最佳参数组合方案，如表 7 - 14 所示。

表7-14　不同目标函数下的最佳参数组合方案

目标函数	先玉335			
	型孔直径 x_1		种箱速度 x_2	
	因素水平	实际值/mm	因素水平	实际值/(m·s⁻¹)
单粒率	-0.427 4	14.572 6	-1.000	0.101
空穴率	-0.215 8	14.784 2	-1.414	0.095
多粒率	-0.427 4	14.572 6	-1.414	0.095

表7-14表明 不同性能指标作为目标函数时的最佳参数组合方案中,型孔直径多数接近0水平,种箱速度多数接近-1水平。综合考虑后得出装置的优化参数组合方案为:型孔直径为14 mm,种箱速度为0.101 m/s。

(6)验证试验

根据参数优化组合方案结果,进行验证试验。型孔板厚度为7 mm,型孔直径为14 mm,种箱速度为0.101 m/s,其他试验参数不变,试验重复5次,取平均值。试验结果:单粒率为90.61%,空穴率为8.43%,多粒率为0.94%,损伤率为0,破碎率为0。这一结果满足精量播种技术要求。

7.4　小　　结

(1)本章选取型孔板厚度、型孔直径和种箱速度为试验因素,以单粒率、多粒率、空穴率、损伤率和破碎率为囊种性能指标进行单因素试验研究,结果如下:

①型孔板厚度对性能指标的影响。

德美亚1号:当型孔板厚度为6 mm时,单粒率达到最大值91.64%,多粒率较小,为6.41%,空穴率为2.04%,破碎率为0.41%,损伤率最低,为0.24%。

龙单47:当型孔板厚度为6 mm时,单粒率达到最大值92.19%%,多粒率较小,为6.86%,损伤率和破碎率为0,空穴率最小,为0.95%。

先玉335:当型孔板厚度为7 mm时,单粒率达到最大值89.24%,多粒率最小,为0.14%,破碎率和损伤率为0,空穴率较小,为12.15%。

②型孔直径对性能指标的影响。

德美亚1号:当型孔直径为14 mm时,单粒率达到最大值92.64%,多粒率较小,为4.22%,损伤率为0,破碎率较小,为0.46%,空穴率为2.61%。

龙单47:当型孔直径为15 mm时,单粒率达到最大值92.19%,多粒率较小,为6.86%,损伤率和破碎率为0,空穴率较小,为0.95%。

先玉335:当型孔直径为14 mm时,单粒率达到最大值88.94%,多粒率较小,为2.15%,损伤率和破碎率为0,空穴率较大,为12.24%。

③种箱速度对性能指标的影响。

德美亚1号:当种箱速度为0.115 m/s时,单粒率达到最大值90.43%,多粒率达到最小,为5.71%,损伤率为0,破碎率较大,为0.57%,空穴率最小,为2.04%。

龙单47:当种箱速度为0.125 m/s时,单粒率达到最大值92.19%,多粒率达到最小,为6.86%,损伤率和破碎率为0,空穴率较高,为0.95%。

先玉335:当种箱速度为0.105 m/s时,单粒率达到最大值87.62%,多粒率达到最小,为1.79%,损伤率和破碎率为0,空穴率最小,为11.43%。

(2)本章选取型孔直径和种箱速度为试验因素,以单粒率、多粒率、空穴率、损伤率和破碎率为囊种性能指标,采用两因素五水平的正交旋转组合设计的试验方案进行多因素试验研究,结果如下:

①德美亚1号:通过试验数据分析,对单粒率、空穴率和多粒率影响的因素主次顺序均为型孔直径>种箱速度。

②龙单47:通过试验数据分析,对单粒率、空穴率影响的因素主次顺序均为型孔直径>种箱速度。对多粒率影响的因素主次顺序也为型孔直径>种箱速度,但影响程度相差不大。

③先玉335:通过试验数据分析,对单粒率、空穴率影响的因素主次顺序均为型孔直径>种箱速度。对多粒率影响的因素主次顺序也为型孔直径>种箱速度,但影响程度相差甚微。

由于试验中各品种玉米芽种的损伤率和破碎率均几乎为零,回归分析不显著,因此型孔直径和种箱速度对其的影响忽略不计。

(3)根据播种装置的囊种性能要求,本章利用主目标函数法,分别以单粒率、空穴率和多粒率为囊种性能指标的回归方程作为目标函数,其他的回归方程作为约束条件,设计优化模型借助MATLAB软件进行求解。

优化参数组合为:

德美亚1号,型孔直径为14 mm,种箱速度为0.119 m/s;龙单47,型孔直径为14 mm,种箱速度为0.095 m/s;先玉335,型孔直径为14 mm,种箱速度为0.101 m/s。

三个玉米品种根据各自的优化参数进行验证试验,得到性能指标为:德美亚1号,单粒率94.29%,空穴率2.84%,多粒率2.86%,损伤率为0,破碎率为0.71%;龙单47,单粒率93.12%,空穴率2.01%,多粒率4.87%,损伤率为0,破碎率为0;先玉335,单粒率为90.61%,空穴率为8.43%,多粒率0.94%,损伤率为0,破碎率为0。试验结果均满足精量播种技术要求。

第8章 玉米芽种精量播种装置投种机理研究

8.1 玉米芽种投种装置

玉米芽种精量播种装置投种工作部件主要由型孔板、转板和拉杆等组成。其结构示意图如图8-1所示。

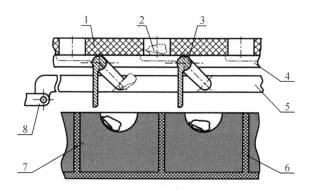

1—型孔板;2—玉米芽种;3—转板;4—转轴;5—营养土;6—植质钵育秧盘;7—秧土;8—拉杆。

图8-1 投种部件结构示意图

8.2 玉米芽种投种过程动力学分析

8.2.1 假设条件

①将玉米芽种、转板和型孔板均视作刚体,忽略其在投种过程中发生的变形;
②将玉米芽种视作质点,忽略玉米芽种形状对投种过程的影响。

8.2.2 投种过程动力学模型的建立

1.坐标系的建立

由于型孔板内所有型孔内玉米芽种的投种原理是相同的,因此取一个型孔内的芽种和转板等组成的系统为研究对象进行动力学分析。投种的初始位置为囊种完成后的理想状态,即只有一粒玉米芽种位于型孔之内的转板之上,并处于"平躺"姿态,此时转板水平未开启。建立系统坐标系,如图8-2所示。以中间型孔右下角点作为坐标原点,以水平向左为 x 轴正方向,竖直向下为 y 轴正方向。取任意位置转板与水平正方向的夹角为广义坐标。图中 $\mu = s + a$ 为玉米芽种在转板上运动时,相对于坐标原点的位移,m(s 为玉米芽种在转板上运动时与转板的相对位移,m; a 为玉米芽种初始位置质心与坐标原点的相对距离,m); l 为转板的长度,m。

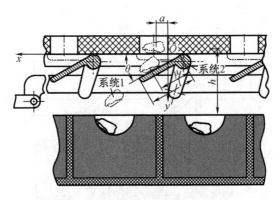

图8-2 投种过程动力学分析

2.位移和速度方程建立

由图可得,当玉米芽种未脱离转板时玉米芽种的质心位移方程为

$$\begin{cases} x = \mu \cdot \cos \theta \\ y = \mu \cdot \sin \theta \end{cases} \qquad (8-1)$$

式中　x——玉米芽种质心的 x 坐标;

　　　y——玉米芽种质心的 y 坐标;

　　　θ——转板的角位移,为关于时间的函数, $\theta = \theta(t)$。

转板的质心位移方程为

$$\begin{cases} x_{\mathrm{b}} = \dfrac{1}{2}l \cdot \cos \theta \\ y_{\mathrm{b}} = \dfrac{1}{2}l \cdot \sin \theta \end{cases} \qquad (8-2)$$

式中　x_{b}——转板质心的 x 坐标;

　　　y_{b}——转板质心的 y 坐标。

分别将式(8-1)和式(8-2)对时间求导,得

玉米芽种的质心速度方程为

$$\begin{cases} \dot{x} = \dot{\mu} \cdot \cos\theta - \mu \cdot \sin\theta \cdot \dot{\theta} \\ \dot{y} = \dot{\mu} \cdot \sin\theta + \mu \cdot \cos\theta \cdot \dot{\theta} \end{cases} \tag{8-3}$$

转板的质心速度方程为

$$\begin{cases} \dot{x}_b = -\dfrac{1}{2}l \cdot \sin\theta \cdot \dot{\theta} \\ \dot{y}_b = \dfrac{1}{2}l \cdot \cos\theta \cdot \dot{\theta} \end{cases} \tag{8-4}$$

3. 系统动能方程的建立

系统动能方程为

$$T = \frac{1}{2}m\dot{x}^2 + \frac{1}{2}m\dot{y}^2 + \frac{1}{2} \cdot \frac{1}{3}m_b l^2 \cdot \dot{\theta}^2$$

式中　T——系统动能,J;

　　　m——玉米芽种质量,kg;

　　　m_b——转板质量,kg。

将式(8-3)代入,得

$$T = \frac{1}{2}m(\dot{\mu}^2 + \mu^2\dot{\theta}^2) + \frac{1}{6}m_b l^2 \cdot \dot{\theta}^2 \tag{8-5}$$

将系统动能方程式(8-5)对玉米芽种的位移、速度分别求偏导,得

$$\frac{\partial T}{\partial \mu} = 0 + \frac{1}{2}m(2\mu\dot{\theta}^2) + 0 = m\mu\dot{\theta}^2 \tag{8-6}$$

$$\frac{\partial T}{\partial \dot{\mu}} = \frac{1}{2}m(2\dot{\mu}) = m\dot{\mu} \tag{8-7}$$

将式(8-7)再次对时间求导,得

$$\frac{\mathrm{d}}{\mathrm{d}t}\left(\frac{\partial T}{\partial \dot{\mu}}\right) = m\ddot{\mu} \tag{8-8}$$

将系统动能方程式(8-5)对转板的角位移、角速度分别求偏导,得

$$\frac{\partial T}{\partial \theta} = 0 \tag{8-9}$$

$$\frac{\partial T}{\partial \dot{\theta}} = \frac{1}{2}m\mu^2 \cdot 2\dot{\theta} + \frac{1}{6}m_b l^2 \cdot 2\dot{\theta} = \left(m\mu^2 + \frac{1}{3}m_b l^2\right)\dot{\theta} \tag{8-10}$$

将式(8-10)再次对时间求导,得

$$\frac{\mathrm{d}}{\mathrm{d}t}\left(\frac{\partial T}{\partial \dot{\theta}}\right) = \frac{\mathrm{d}}{\mathrm{d}t}\left(m\mu^2 + \frac{1}{3}m_b l^2\right)\dot{\theta} = 2m\mu\dot{\mu}\dot{\theta} + \left(m\mu^2 + \frac{1}{3}m_b l^2\right)\ddot{\theta} \tag{8-11}$$

4. 系统势能方程的建立

系统势能方程为

$$V = mg(h - \mu\sin\theta) + m_{\mathrm{b}}g\left(h - \frac{1}{2}l\sin\theta\right) \qquad (8-12)$$

式中　V——系统势能,J;

　　　h——芽种质心到秧盘上表面距离,m。

　　将系统势能方程(8-12)对玉米芽种的位移求偏导得

$$\frac{\partial V}{\partial\mu} = -mg\sin\theta \qquad (8-13)$$

　　将系统势能方程(8-12)对转板的角位移求偏导得

$$\frac{\partial V}{\partial\theta} = -mg\mu\cos\theta - \frac{1}{2}m_{\mathrm{b}}gl\cos\theta = -\left(m\mu + \frac{1}{2}m_{\mathrm{b}}l\right)g\cos\theta \qquad (8-14)$$

　　5.动力学模型的建立

　　第二拉格朗日方程为

$$\frac{\mathrm{d}}{\mathrm{d}t}\left(\frac{\partial T}{\partial\dot{q}_{\mathrm{k}}}\right) - \frac{\partial T}{\partial q_{\mathrm{k}}} + \frac{\partial V}{\partial q_{\mathrm{k}}} = 0$$

式中,q_{k} 为广义坐标,m。

　　当广义坐标 q_{k} 取 μ 时,第二拉格朗日方程变形为

$$\frac{\mathrm{d}}{\mathrm{d}t}\left(\frac{\partial T}{\partial\dot{\mu}}\right) - \frac{\partial T}{\partial\mu} + \frac{\partial V}{\partial\mu} = 0 \qquad (8-15)$$

　　将式(8-6)、式(8-18)和式(8-13)代入后得动力学模型,为

$$\ddot{\mu} - \mu\dot{\theta}^{2} - g\sin\theta = 0 \qquad (8-16)$$

　　当广义坐标 q_{k} 取 θ 时,第二拉格朗日方程为

$$\frac{\mathrm{d}}{\mathrm{d}t}\left(\frac{\partial T}{\partial\dot{\theta}}\right) - \frac{\partial T}{\partial\theta} + \frac{\partial V}{\partial\theta} = 0 \qquad (8-17)$$

　　将式(8-9)、式(8-11)和式(8-14)代入后得动力学模型,为

$$2m\mu\dot{\mu}\dot{\theta} + \left(m\mu^{2} + \frac{1}{3}m_{\mathrm{b}}l^{2}\right)\ddot{\theta} - \left(m\mu + \frac{1}{2}m_{\mathrm{b}}l\right)g\cos\theta = 0 \qquad (8-18)$$

　　由式(8-16)、式(8-18)可知,在投种过程中,玉米芽种质量、位移和落点位置等与转板质量、角位移和角速度等之间都有关系。

8.2.3　投种过程动力学仿真分析

　　1.仿真的初始条件

$$t = 0, \quad \mu = 0.01, \quad \dot{\mu} = 0$$

$$t = 0, \quad \theta = 0, \quad \ddot{\theta} = 0$$

2. 仿真相关的参数

仿真相关的参数如表8-1所示。

表8-1 参数表

序号	参数	数值或名称
1	玉米品种	德美亚1号
2	型孔直径/mm	14
3	型孔板厚度/mm	6
4	芽种含水率/%	40
5	转板长度/m	0.195

3. 仿真结果与分析

图8-3所示为仿真得到的芽种运动位移与时间的关系曲线。由图可见,芽种的运动位移在0.1 s内不发生变化,而后随时间的增加呈加速上升趋势。当时间为0~0.1 s时,芽种与转板进行同步旋转,没有发生相对滑动,芽种在做以原点O为圆心,半径10 mm几乎不变的圆周运动,因此运动位移没有发生变化。当时间为0.1~0.15 s时,芽种与转板开始发生相对滑动并脱离转板下落,因此位移呈加速上升趋势。当时间为0.15 s时芽种运动位移为0.02 m。

图8-4所示为芽种运动速度与时间的关系曲线。由图可见,芽种的运动速度在0.1 s内不发生变化,而后随时间的增加呈加速上升趋势。由图可知,当时间为0~0.1 s时,芽种与转板进行同步旋转,没有发生相对滑动,运动速度不变;当时间为0.1~0.15 s时,芽种与转板开始发生相对滑动并脱离转板下落,因此运动速度呈加速上升趋势。当时间为0.15 s时芽种运动速度为0.10 m/s。

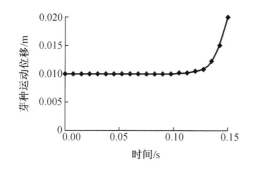

图8-3 芽种运动位移与时间的关系曲线

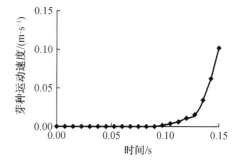

图8-4 芽种运动速度与时间的关系曲线

图8-5所示为芽种运动加速度与时间的关系曲线。由图可见,芽种运动的加速度一开始为0,随着时间的增加加速度呈逐渐上升趋势。当时间为0.13 s时,加速度增值明显加大;当时间为0.15 s时,芽种的运动加速度为0.771 m/s²。

图8-6所示为芽种运动位移与转板角位移的关系曲线。由图可见,当转板角位移为0

时,芽种的运动位移为 10 mm。随着转板角位移的增加,芽种运动位移一开始数值不变,然后缓慢增加,然后呈迅速上升趋势。当转板角位移为 0 ~ 0.4 rad 时,芽种运动位移始终不变,为 0.01 mm;当转板角位移为 0.4 ~ 1 rad 时,芽种运动位移略有增加,增加到 0.010 8 m,此阶段芽种在转板上发生了相对滑动;当转板角位移为 1 ~ 1.037 rad 时,芽种运动位移迅速上升至 0.02 m,在此阶段芽种脱离转板开始下落。

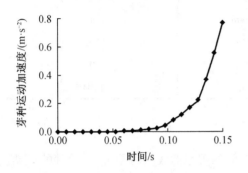 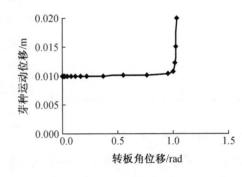

图 8 – 5　芽种运动加速度与时间的关系曲线　　图 8 – 6　芽种运动位移与转板角位移的关系曲线

　　图 8 – 7 所示为转板角位移与时间的关系曲线。由图可见,随着时间的增加,转板角位移呈增加趋势,增加的速度是先缓后急再缓。当时间为 0 ~ 0.05 s 时,转板角位移增加缓慢,从 0 rad 增加到 0.017 rad;当时间为 0.05 ~ 0.12 s 时,转板角位移增加速度较快,从 0.017 rad 增加到 0.953 rad;当时间为 0.12 ~ 0.15 s 时,转板角位移增加速度再次变缓,从 0.953 rad 增加到 1.037 rad。转板角位移随时间呈缓 – 急 – 缓的变化规律是由于控制该转板开启和闭合的凸轮机构的凸轮形状引起的。

　　图 8 – 8 所示为转板角速度与时间的关系曲线。由图可见,随着时间的增加,转板角速度呈增加趋势,增加幅度前期比较稳定,后期增幅略有增长。当时间为 0.15 s 时,转板角速度为 0.378 9 rad/s。

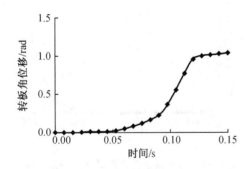 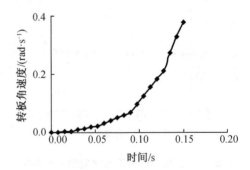

图 8 – 7　转板角位移与时间的关系曲线　　图 8 – 8　转板角速度与时间的关系曲线

　　图 8 – 9 所示为转板角加速度与时间的关系曲线。由图可见,转板的角加速度随时间的增加呈先迅速增加,然后保持不变,最后又增加的趋势。当时间为 0 ~ 0.01 s 时,转板从静止开始快速打开,角加速度从 0 上升到 0.001 5 m/s²;当时间为 0.01 ~ 0.16 s 时,转板做匀

速旋转运动,角加速度保持 0.001 5 m/s²不变;当时间为 0.16 ~ 0.17 s 时,加速度略有上升,增到 0.001 7 m/s²。

图 8 - 10 所示为芽种运动速度与转板角速度的关系曲线。由图可见,芽种的运动速度随转板角速度的增加呈上升趋势。当转板角速度为 0 ~ 0.1 rad/s 时,芽种运动速度几乎为 0;当转板角速度为 0.1 ~ 0.4 rad/s 时,芽种运动速度上升速度加快,幅度加大。当转板角速度达到 0.38 rad/s 时,芽种运动速度达到 0.102 m/s。

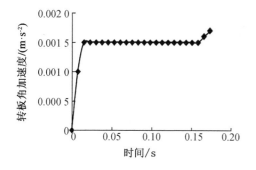

图 8 - 9　转板角加速度与时间的关系曲线　　　图 8 - 10　芽种运动速度与转板角速度的关系曲线

8.3　玉米芽种投种过程运动学分析

8.3.1　投种过程中玉米芽种运动模型的建立

在玉米芽种精量播种装置投种过程中,玉米芽种的运动可分为在转板上的运动和脱离转板后自由运动两部分。下面分别对玉米芽种在转板上的运动、芽种与转板分离的临界条件和脱离转板后的运动进行研究分析。

1.玉米芽种在转板上的运动分析

(1)速度分析

当投种开始,转板开启,玉米芽种一开始随着转板做定轴转动,当转板开启到一定角度时芽种由于受到转板的支撑力、摩擦力、自身重力和惯性力等作用开始在转板上滑动。根据第 6 章研究结果,玉米芽种处于"平躺"状态概率居多,选取"平躺"状态下的芽种为研究状态,将其看成质点,研究其在转板上的运动。选择定参考系建立在固定的机架上,动参考系建立在做旋转运动的转板上。根据点的合成运动原理,将运动分为牵连运动和相对运动,其中牵连运动为转板的定轴转动,相对运动为玉米芽种相对于转板的直线运动。则芽种投种过程速度分析如图 8 - 11 所示。

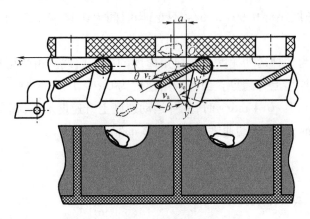

图 8 – 11　芽种投种过程速度分析

根据分析,得速度方程为

$$v_a \cos \beta = v_e$$

$$v_a \sin \beta = v_r$$

式中

$$v_e = \dot{\theta} \mu$$

$$v_r = \lambda / t$$

$$\tan \beta = \frac{v_r}{v_e} = \frac{\dot{\lambda}}{\dot{\theta} \lambda}$$

式中　　v_a——芽种的绝对速度,m/s;

v_e——芽种的牵连速度,m/s;

v_r——芽种的相对速度,m/s;

β——芽种绝对速度与相对速度的夹角,rad;

λ——芽种与转板的相对位移,m。

将上述速度方程代入点的合成运动定理 $\boldsymbol{v}_a = \boldsymbol{v}_e + \boldsymbol{v}_r$,得

$$\dot{\mu}^2 = \dot{\theta}^2 \lambda^2 + \dot{\lambda}^2 \qquad (8-19)$$

由上式可见,玉米芽种绝对速度与相对速度的夹角与芽种的牵连速度和相对速度有关,与相对速度成正比,牵连速度成反比。其中相对速度与芽种和转板之间的相对位移成正比;牵连速度与芽种在转板上的初始位置和转板角速度有关,其与二者均成正比。

(2)加速度分析

加速度分析如图 8 – 12 所示,根据加速度合成定理 $\boldsymbol{a}_a = \boldsymbol{a}_e + \boldsymbol{a}_r + \boldsymbol{a}_c$,得 $\boldsymbol{a}_a$ 在 x、y 方向的表达式分别为

$$a_{ax} = (a_r - a_{en}) \cos \theta - (a_c + a_{e\tau}) \sin \theta = (\ddot{\lambda} - \dot{\theta} \mu) \cos \theta - (2 \dot{\theta}^2 + \ddot{\theta}) \mu \sin \theta \qquad (8-20)$$

$$a_{ay} = (a_r - a_{en}) \sin \theta - (a_c + a_{e\tau}) \cos \theta = (\ddot{\lambda} - \dot{\theta} \mu) \sin \theta + (2 \dot{\theta}^2 + \ddot{\theta}) \mu \cos \theta \qquad (8-21)$$

式中　　a_a——芽种的绝对加速度,m/s^2;

a_e——芽种的牵连加速度,m/s^2;

a_r——芽种的相对加速度，m/s^2，$a_r = \ddot{\lambda}$；

a_c——芽种的科氏加速度，m/s^2，$a_c = 2\dot{\theta}v_r$；

$a_{en} = \dot{\theta}^2\mu$；

$a_{e\tau} = \ddot{\theta}\mu$。

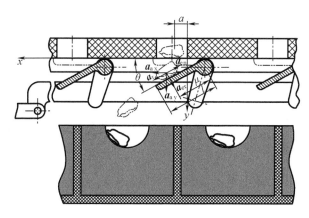

图 8 - 12　投种过程加速度分析

2. 玉米芽种脱离转板后的运动分析

当转板旋转到一定角度，玉米芽种与转板脱离，在自身重力的作用下下落，所以芽种脱离转板后的运动方程为

$$x = \dot{\mu}\sin(\theta + \pi/2 - \beta)t$$
$$y = \dot{\mu}\cos(\theta + \pi/2 - \beta)t - 1/2gt^2$$

将上式合并 t，整理后得

$$y = \cot(\theta + \pi/2 - \beta)x - \frac{1}{2}g\left(\frac{x}{\dot{\mu}\sin(\theta + \pi/2 - \beta)}\right)^2 \qquad (8-22)$$

由式(8-22)可见，芽种脱离转板后的运动位移主要与脱离时的速度和角度有关。总体来看，一定时间内芽种脱离转板后的运动轨迹呈抛物线状态。

8.3.2　投种过程运动学仿真分析

利用 MATLAB 仿真软件对玉米芽种的投种过程进行运动学仿真分析。

1. 玉米芽种在转板上的运动仿真分析

（1）速度仿真分析

图 8-13 所示为芽种运动方向角与时间的关系曲线。由图可见，随着时间的增长，芽种运动方向角呈逐渐增大趋势，并且中间变化较快两头变化缓慢。说明投种开始时，芽种先随转板转动，运动方向角变化缓慢；当开始滑移并脱离转板时，运动方向角变化明显。

图 8-14 为芽种运动绝对速度与运动方向角的关系曲线。由图可见，当运动方向角为

$0 \sim 0.5$ rad 时,芽种在随转板做旋转运动,芽种的运动绝对速度从 0 m/s 上升到 0.001 8 m/s,上升缓慢;当运动方向角为 $0.5 \sim 0.71$ rad 时,芽种与转板发生相对滑动,芽种的运动绝对速度从 0.001 8 m/s 上升到 0.015 9 m/s,上升速度加快;当运动方向角为 $0.71 \sim 0.75$ rad 时,芽种与转板脱离开始下落,芽种的运动绝对速度从 0.015 9 m/s 上升到 0.153 6 m/s,上升幅度非常大。

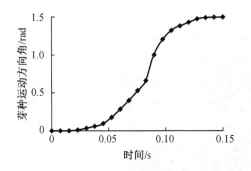

图 8-13　芽种运动方向角与时间的关系曲线

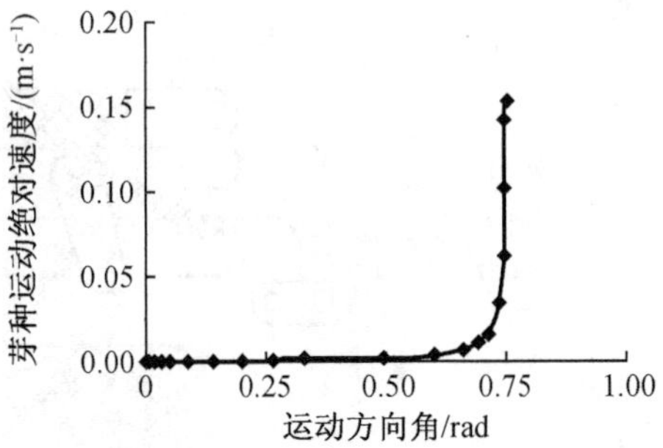

图 8-14　芽种运动绝对速度与运动方向角的关系曲线

图 8-15 所示为芽种绝对速度与时间的关系曲线。由图可见,当时间为 $0 \sim 0.075$ s 时,芽种在随转板做旋转运动,芽种运动绝对速度从 0 m/s 上升到 0.000 7 m/s,虽数值一直在增长,但增长极为缓慢;当时间为 $0.075 \sim 0.12$ s 时,芽种与转板发生相对滑动,芽种的运动绝对速度从 0.000 7 m/s 上升到 0.015 9 m/s,增幅有所增加;当时间为 $0.12 \sim 0.15$ s 时,芽种与转板脱离开始下落,芽种的运动绝对速度从 0.015 9 m/s 上升到 0.142 5 m/s,增幅较大。

图 8-16 所示为芽种相对速度与时间的关系曲线。由图可见,其变化趋势与图 8-15 类似,但数值更小。当时间为 $0 \sim 0.1$ s 时,芽种的运动相对速度为 0 m/s;当时间为 $0.1 \sim 0.12$ s 时,芽种的运动相对速度从 0 上升到 0.01 m/s,略有增幅;当时间为 $0.12 \sim 0.15$ s 时,芽种的运动相对速度从 0.01 m/s 上升到 0.10 m/s,增幅较大。

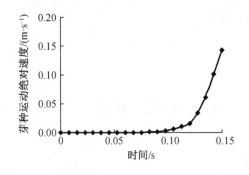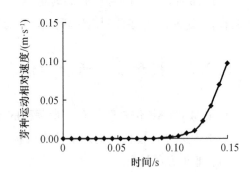

图 8-15　芽种运动绝对速度与时间的关系曲线

图 8-16　芽种运动相对速度与时间的关系曲线

（2）加速度仿真分析

图 8-17 所示为芽种水平加速度与位移的关系曲线。由图可见,随着位移的增加芽种

的水平加速度呈逐渐上升趋势,且先快后慢。当位移在 0.01 ~ 0.015 m 时,芽种水平加速度迅速增长,从 0.167 3 m/s² 上升到 0.956 m/s²;当位移在 0.015 ~ 0.026 m 时,芽种水平加速度增长缓慢,从 0.956 m/s² 上升到 1.03 m/s²;当位移在 0.026 ~ 0.032 m 时,芽种水平加速度增长有所加快,从 1.03 m/s² 上升到 1.20 m/s²。

图 8 - 18 所示为芽种垂直加速度与位移的关系曲线。由图可见,随着位移的增加芽种的水平加速度呈逐渐上升趋势,期间曲线在小范围内多有起伏,说明投种过程中垂直方向受力大小有很多微小变化。但总体来看其与水平加速度相比,数值要小得多。当位移为 0.01 ~ 0.010 8 m 时,芽种垂直加速度增长迅速,从 0.000 1 m/s² 上升到 0.002 m/s²;当位移为 0.010 8 ~ 0.015 1 m 时,芽种垂直加速度变化微小,保持在 0.000 2 m/s² 左右;当位移为 0.015 1 ~ 0.03 m 时,芽种垂直加速度保持总的增长趋势,但起伏较多,数值从 0.000 2 m/s² 上升到 0.000 6 m/s²。

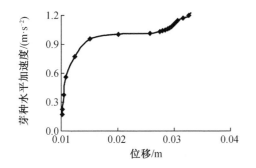

图 8 - 17　芽种水平加速度与位移的关系曲线

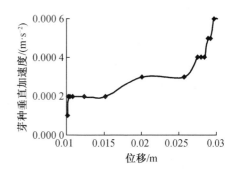

图 8 - 18　芽种垂直加速度与位移的关系曲线

图 8 - 19 所示为芽种水平加速度与转板角位移的关系曲线。由图可见,随着转板角位移的增长芽种的水平加速度呈逐渐上升趋势,开始增加缓慢,后来增加速度较快。当转板角位移为 0 ~ 0.023 rad 时,芽种的水平加速度增幅缓慢,从 0 m/s² 增长到 0.012 5 m/s²;当转板角位移为 0.023 ~ 1.027 rad 时,芽种的水平加速度开始逐渐快速增长,从 0.012 5 m/s² 增长到 0.997 9 m/s²。

图 8 - 20 所示为芽种垂直加速度与转板角位移的关系曲线。由图可见,随着转板角位移的增长,芽种的垂直加速度呈阶段性上升趋势,但总体来看其数值比水平加速度小得多,变化的范围也很小,总体上升幅度只有 0.000 3 m/s²。

图 8 - 21 所示为芽种水平加速度与转板角速度的关系曲线。由图可见,随着转板角速度的增长芽种的水平加速度呈逐渐上升趋势,与图 8 - 19 变化规律类似。芽种水平加速度开始增加缓慢,后来增加速度较快。当转板角速度为 0 ~ 0.05 rad/s 时,芽种的水平加速度增幅缓慢,从 0 m/s² 增长到 0.012 5 m/s²;当转板角速度为 0.05 ~ 0.378 9 rad/s 时,芽种的水平加速度开始逐渐快速增长,从 0.012 5 m/s² 增长到 0.997 9 m/s²。

图 8 - 22 所示为芽种垂直加速度与转板角速度的关系曲线。由图可见,随着转板角速度的增长芽种的垂直加速度呈逐渐呈阶段性上升趋势,与图 8 - 20 变化规律类似。但总体来看其数值比水平加速度小得多,变化的范围也很小,总体上升幅度只有 0.000 3 m/s²。

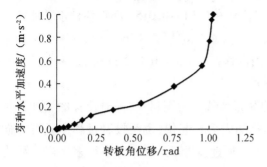

图 8 - 19　芽种水平加速度与转板角位移的关系曲线　　**图 8 - 20　芽种垂直加速度与转板角位移的关系曲线**

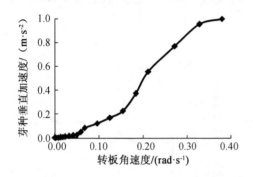
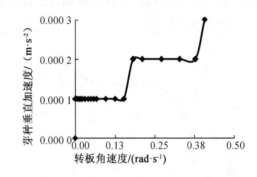

图 8 - 21　芽种水平加速度与转板角速度的关系曲线　　**图 8 - 22　芽种垂直加速度与转板角速度的关系曲线**

2. 玉米芽种脱离转板后的运动仿真分析

由图 8 - 14 和图 8 - 15 可确定芽种与转板发生分离时的时间是 0.12 s,芽种的运动方向角为 0.71 rad,芽种的运动绝对速度为 0.015 9 m/s。在上述条件下,根据公式(8 - 12)可仿真出芽种与转板分离后的运动轨迹如图 8 - 23 所示。由于分离后芽种仅受到重力的作用,根据分离时初速度值可仿真得出分离后芽种运动绝对速度与时间的关系曲线,如图 8 - 24 所示。

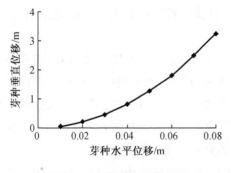

图 8 - 23　芽种运动轨迹图　　　　**图 8 - 24　芽种运动绝对速度与时间的关系曲线**

由图 8 - 23 可见,其运动轨迹为抛物线形状,水平方向位移增加缓慢,垂直方向位移增加迅速。芽种与转板分离后只受重力的作用,其运动轨迹形状与分离时的芽种运动角和运动速度有直接关系。

由图 8 - 24 可见,随着时间的增加,芽种的运动速度呈上升趋势。由于芽种在分离后的运动只受重力加速度的作用,所以其运动速度呈线性增加。

从芽种与转板分离后的运动轨迹和运动速度可见,随着时间的推移,芽种运动速度越来越快,轨迹偏移量越来越大,对于其准确落入秧盘穴孔中心的难度将越来越大。因此,应让芽种与转板分离后尽快落入穴孔,即芽种与穴孔的垂直距离在可能的情况下应越小越好。

8.4　玉米芽种投种过程芽种与转板的分离条件

8.4.1　投种过程中玉米芽种与转板的分离条件分析

投种过程中玉米芽种与转板分离时的受力情况如图 8 - 25 所示,根据动力学原理得

$$F_N - mg\cos\theta = -ma_y\cos\theta + ma_x\sin\theta \tag{8-23}$$

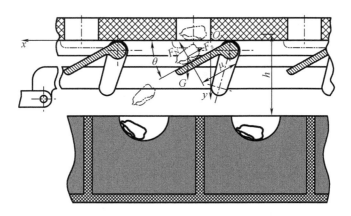

图 8 - 25　分离过程受力分析

将式(8 - 20)、式(8 - 21)代入式(8 - 23)中,得

$$F_N = mg\cos\theta - m\mu(2\dot{\theta}^2 + \ddot{\theta}) \tag{8-24}$$

在投种过程中,当 $F_N \leq 0$ 时,即当 $\theta \geq \arccos\dfrac{\mu(2\dot{\theta}^2 + \ddot{\theta})}{g}$ 时,玉米芽种将与转板分离。

由此可见,玉米芽种与转板的分离条件与转板角速度、角加速度和运动位移有直接关系。

8.4.2　投种过程中玉米芽种与转板的分离条件仿真分析

在与前面仿真条件相同的情况下,图 8 – 26 所示为仿真得到的芽种与转板分离角及芽种运动位移的关系曲线。由图可见,当运动位移增大时,芽种与转板的分离角呈逐渐减小的趋势,减小的速度先慢后快。当运动位移为 0.01 ~ 0.013 m 时,分离角从 1.536 rad 下降到 1.505 rad;当运动位移为 0.013 ~ 0.017 m 时,分离角从 1.505 rad 下降到 0.766 rad;当运动位移为 0.017 ~ 0.021 m 时,分离角从 0.766 rad 下降到 0.489 rad。芽种的运动位移由初始位移和与转板的相对位移共同组成,而芽种一旦与转板开始发生相对滑移运动,则随即开始转板分离。所以影响芽种与转板分离角的主要是初始位移,即初始位移越小,芽种与转板边缘越远,所需分离角越大;初始位移越大,芽种与转板边缘越近,所需分离角越小。

图 8 – 27 所示为芽种与转板分离角及转板角速度的关系曲线。由图可见,当转板角速度增大时,芽种与转板的分离角呈逐渐减小的趋势。其变化趋势与图 8 – 26 有所类似,减小的速度先缓慢后加快。当转板角速度为 0.126 ~ 0.412 rad/s 时,分离角从 1.536 rad 下降到 1.463 rad;当转板角速度为 0.412 ~ 0.586 rad/s 时,分离角从 1.463 rad 下降到 0.489 rad。

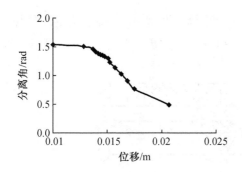

图 8 – 26　分离角与运动位移的关系曲线

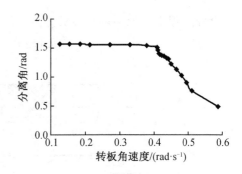

图 8 – 27　分离角与转板角速度的关系曲线

8.5　小　　结

(1)本章通过假设条件,以一个型孔内的单个芽种和转板等组成的系统为研究对象对投种过程建立了动力学模型,并用 MATLAB 软件进行了仿真分析,结果如下:

①芽种的运动位移、速度和加速度均随时间的增加呈先不变后快速增加趋势。

②转板角速度与时间,芽种运动速度与转板角速度的关系曲线变化趋势相同,均呈不断快速增加的趋势。

③转板角位移随着时间的增加,转板角位移呈增加趋势,增加的速度是先缓后急再缓。

④当转板角位移为零时,芽种的运动位移为 10 mm。随着转板角位移的增加,芽种运动

位移一开始数值不变,然后缓慢增加,然后呈迅速上升趋势。

(2)本章建立了投种过程中玉米芽种的速度模型,经仿真可知投种开始时,芽种先随转板转动,运动方向角变化缓慢。芽种的运动绝对速度从 0 m/s 上升到 0.000 7 m/s,虽数值一直在增长,但增长极为缓慢。随着时间的增长,芽种运动方向角呈逐渐增大趋势,并且中间变化较快两头变化缓慢。说明当芽种开始滑移并脱离转板时,运动方向角变化明显。芽种与转板发生相对滑动,芽种的运动绝对速度从 0.000 7 m/s 上升到 0.015 9 m/s,增幅有所增加;当时间为 0.12 ~ 0.15 s 时,芽种与转板脱离开始下落,芽种的运动绝对速度从 0.015 9 m/s 上升到 0.142 5 m/s,增幅较大。

(3)玉米芽种的加速度模型。

①随着位移的增长芽种的水平加速度呈逐渐上升趋势,且先快后慢。芽种的垂直加速度呈逐渐上升趋势,期间曲线在小范围内多有起伏,说明投种过程中垂直方向受力大小有很多微小变化。但总体来看其与水平加速度相比,数值要小得多。

②芽种水平加速度与转板角位移和转板角速度的变化是类似的,随着转板角位移或角速度的增长芽种的水平加速度呈逐渐上升趋势,开始增加缓慢,后期增加速度较快。芽种垂直加速度与转板角速度和转板角速度的变化也是类似的。随着转板角位移或角速度的增加,芽种的垂直加速度呈阶段性上升趋势,但总体来看其数值比水平加速度小得多,变化的范围也很小。

(4)玉米芽种脱离转板后的运动分析。

①芽种与转板分离后的运动轨迹为抛物线形状,水平方向位移增加缓慢,垂直方向位移增加迅速。芽种与转板分离后只受重力的作用,其运动轨迹形状与分离时的芽种运动角和运动速度有直接关系。随着时间的增加,芽种的运动速度呈上升趋势。由于芽种在分离后的运动只受重力加速度的作用,所以其运动速度呈线性增加。

②从芽种与转板分离后的运动轨迹和运动速度可见,随着时间的推移,芽种运动速度越来越快,轨迹偏移量越来越大,其准确落入秧盘穴孔中心的难度将越来越大。因此,当芽种与转板分离后应尽快落入穴孔,即芽种与穴孔的垂直距离在可能的情况下应越小越好。

(5)建立了投种过程中玉米芽种与转板的分离条件模型。玉米芽种与转板的分离条件与转板角速度、角加速度和运动位移有直接关系。初始位移越小,所需分离角越大;反之,初始位移越大,所需分离角越小。而转板角速度越大,芽种与转板的分离角越小。

第9章　玉米芽种精量播种装置投种过程高速摄像观察与分析

9.1　试验设备和条件

试验装置如图3.2所示。高速摄像机位于玉米植质钵育秧盘播种装置的侧面,正对于投种时转动的翻板。为了能看清投种过程中翻板转动时玉米芽种的运动过程,而不被装置中其他零件遮挡,试验前将装置局部进行改造尽量去掉遮挡,如锯断部分横梁,拉杆锯断后重新组装等。

试验条件:试验用玉米芽种为德美亚1号、龙单47和先玉335,芽长1 mm左右;型孔内囊好一粒"平躺"状态的芽种。

9.2　高速摄像参数的选择

试验所用高速摄像机由美国 Vision Research 公司生产,型号为 V5.1,分辨率为1 024×1 024,拍摄频率为每秒500帧,即相邻两帧图像之间间隔为0.002 s。摄像头为深圳生产,品牌为枫雨杰 TM,像素500万。存储卡为深圳光硕电子科技有限公司生产,金士顿133×高速 CF 卡,存储容量为32 GB,读取速度为20 MB/s。两侧下光源,每个光源1 300 W。拍摄距离为1.80 m。

为减少外界因素和人为误差对拍摄质量和效果的影响,高速摄像试验选在黑龙江八一农垦大学工程学院收获实验室内进行。试验前将拍摄距离、拍摄高度、光源位置、光源角度、摄像机光圈和焦距等调整到最佳状态,并进行了试拍摄。

9.3 高速摄像观察和分析

9.3.1 投种过程中玉米芽种的运动过程观察

图9-1所示为凸轮转速为9 r/min时在高速摄像情况下拍摄到的德美亚1号玉米芽种投种过程。通过图像慢放再现可见：在投种过程开始时，由于玉米芽种在型孔中处于"平躺"的姿态，与转板接触面积较大，所以所受摩擦力较大。芽种主要随着转板进行旋转运动，与转板之间几乎没有发生相对运动。当转板旋转到一定角度时，芽种与转板间开始出现滑移，然后迅速脱离转板并下落，由于重力的作用芽种下落的速度非常快。芽种与转板分离后只受到重力作用，其运动轨迹为有一定初速度的抛物线。通过对采集数据的分析发现，转板在旋转到大约26.6°时芽种开始滑落。由于后期滑落速度太快，在图9-1的投种过程的图像展示中，前期选取的是大约每间隔10帧采集到的图像，后期开始下落时选取的图像是连续采集的，每帧图像时间间隔0.002 s。

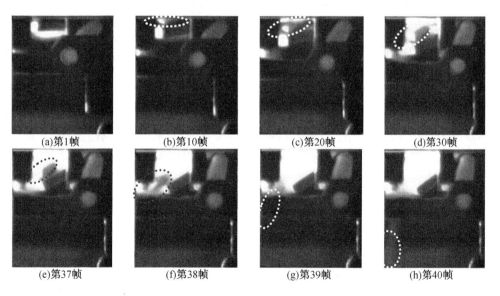

(a)第1帧　　　(b)第10帧　　　(c)第20帧　　　(d)第30帧

(e)第37帧　　　(f)第38帧　　　(g)第39帧　　　(h)第40帧

图9-1 玉米芽种的投种过程

9.3.2 投种过程中玉米芽种的运动规律分析

通过MIDIAS软件对凸轮转速为9 r/min时在高速摄像情况下拍摄的德美亚1号玉米芽种投种过程图像进行数据采集和处理，得出玉米芽种的运动规律。高速摄像试验每组重复3次,取平均值。

图9-2所示为玉米芽种的投种轨迹图。由图可见,玉米芽种在投种过程中的运动轨迹可分三个阶段。第一个阶段,玉米芽种随转板做几乎同步的旋转运动;第二个阶段,玉米芽种在转板上做短暂的滑移运动;第三个阶段,玉米芽种脱离转板,做向下的抛物线运动。

图9-3所示为玉米芽种的运动距离图,即每帧图像中芽种相对于初始位置运动的总距离。由图可见,在投种第一个阶段,花费时间较长而芽种运动距离很小;第二阶段76 ms时芽种运动距离加大;第三阶段芽种运动距离最大。

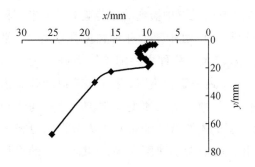

图9-2　芽种的投种轨迹图　　　　　图9-3　玉米芽种的运动距离图

图9-4所示为玉米芽种在投种过程中的水平位移图。由图可见,在76 ms之前的第一阶段,芽种水平位移量很接近,差异不大;76~78 ms的第二阶段玉米芽种在转板上出现明显滑移,水平位移量迅速加大;78~82 ms的第三阶段芽种脱离转板开始做向下的抛物线运动,水平位移量继续加大。

图9-5所示为玉米芽种在投种过程中的垂直位移图。由图可见,在76 ms之前的第一阶段,芽种垂直位移量缓慢增加,增加幅度很小;76~78 ms的第二阶段玉米芽种垂直位移量有小幅增加;78~82 ms的第三阶段芽种脱离转板开始做向下的抛物线运动,垂直位移量增加显著。

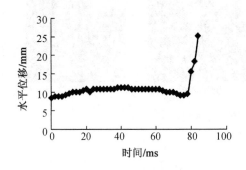

图9-4　玉米芽种在投种过程中的水平位移图　　　图9-5　玉米芽种在投种过程中的垂直位移图

图9-6所示为玉米芽种在投种过程中的速度图。由图可见,水平速度、垂直速度和合速度的变化趋势一致。

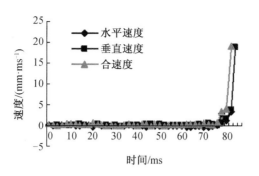

图9-6　玉米芽种在投种过程中的速度图

在投种的第一阶段,芽种运动速度非常小,无明显差异。芽种的水平速度为接近于0的负值,其运动方向与设定的 x 轴正向相反,垂直速度虽为正值但数值仍很小,在76 ms时,合速度为0.20 mm/ms。第二阶段76~78 ms时玉米芽种在转板上出现明显滑移,芽种的水平速度、垂直速度均增大,但垂直速度增大幅度最大,在78 ms时合速度为3.50 mm/ms。第三阶段78~82 ms时芽种脱离转板开始做向下的抛物线运动,在82 ms时,合速度达到19.14 mm/ms。

9.3.3　不同转速下玉米芽种的运动规律对比分析

1. 德美亚1号芽种的运动规律分析

(1)运动轨迹分析

图9-7所示为投种过程中不同凸轮转速下芽种的运动轨迹图。由图可见,不同转速下,芽种的运动轨迹虽不同,总体来看其运动趋势是一致的。在不同转速下,芽种在转板上的滑移轨迹和脱离转板后的抛物线运动轨迹是不同的。由图可见,当凸轮转速较快时芽种与转板脱离所需转角较小,当凸轮转速较慢时芽种与转板脱离所需转角较大。当凸轮转速为17 r/min时,芽种垂直位移达到11.93 mm时,芽种开始逐渐与转板分离;当凸轮转速为9 r/min时,芽种垂直位移需达到18.40 mm时,芽种才开始与转板分离。

图9-8所示为投种过程中不同凸轮转速下芽种的运动距离图。由图可见,不同转速下,芽种的运动距离曲线图虽趋势类似但在时间上有较大差异。总体来看,芽种相对初始位置运动的总距离是基本相同的,但凸轮转速越大,到达总距离的时间越短,凸轮转速越小,到达总距离所需的时间越长。当凸轮转速为17 r/min时,所需时间为60 ms,当凸轮转速为9 r/min时,所需时间为100 ms。

利用DPS数据处理系统对芽种的整个投种运动轨迹数据用麦夸特法拟合,曲线基本都符合Peal-Reed模型,但当转速为11 r/min时拟合曲线用Morgan Mercer Florin模型,相关系数要更高一点,如表9-1所示。经对多组数据拟合发现,玉米芽种的投种轨迹曲线与Peal-Reed模型的拟合程度更高一些。

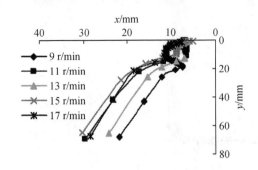

图 9-7 不同转速下芽种运动轨迹图

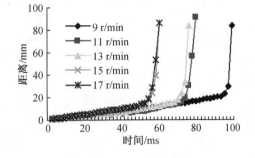

图 9-8 不同转速下芽种运动距离图

表 9-1 德美亚 1 号投种全轨迹拟合回归方程

转速 /(r·min⁻¹)	回归方程	曲线类型	相关系数
9	$y = 67.527\ 3/\{1 + 7\ 313\ 590.705\ 9\exp[-(6.955\ 6x - 0.968\ 324x^2 + 0.040\ 986x^3)]\}$	Peal - Reed	0.834 8
11	$y = (3.319\ 742\ 958.031\ 6 + 161.063\ 0x^{3.047\ 4})/(42\ 958.031\ 6 + x^{3.047\ 4})$	Morgan Mercer Florin	0.921 2
13	$y = 90.611\ 0/\{1 + 1\ 554.506\ 2\exp[-(0.892\ 466x - 0.044\ 647x^2 + 0.000\ 905x^3)]\}$	Peal - Reed	0.873 7
15	$y = 64.513\ 2/\{1 + 1\ 817\ 025.736\ 6\exp[-(2.520\ 3x - 0.160\ 926x^2 + 0.003\ 458x^3)]\}$	Peal - Reed	0.983 8
17	$y = 67.918\ 9/\{1 + 9\ 748\ 918.430\ 1\exp[-(2.473\ 6x - 0.139\ 050x^2 + 0.002\ 721x^3)]\}$	Peal - Reed	0.981 9

由于投种第一阶段芽种在转板上与转板的同步旋转时间较长导致投种轨迹曲线波动较大,因此曲线拟合时的相关系数有的小于 0.9。如果在轨迹数据曲线拟合时将第一阶段的轨迹数据去掉,只拟合第二和第三阶段,即从芽种与转板开始出现明显相对运动时开始拟合,则曲线大多符合 Yeild Density 模型,相关系数非常高,接近 1,如表 9-2 所示。

表 9-2 德美亚 1 号投种第二第三阶段轨迹拟合回归方程

转速/(r·min⁻¹)	回归方程	曲线类型	相关系数
9	$y = 1/(0.084\ 026 - 0.004\ 342x + 0.000\ 053x^2)$	Yeild Density	0.999 9
11	$y = 1/(0.150\ 446 - 0.008\ 602x + 0.000\ 135x^2)$	Yeild Density	0.997 3
13	$y = 1/(0.118\ 043 - 0.006\ 621x + 0.000\ 098x^2)$	Yeild Density	1.000 0
15	$y = 1/(0.183\ 145 - 0.010\ 057x + 0.000\ 149x^2)$	Yeild Density	0.999 9
17	$y = 1/(0.196\ 294 - 0.011\ 938x + 0.000\ 196x^2)$	Yeild Density	0.996 9

图9-9所示为投种过程中不同凸轮转速下芽种的水平位移图。由图可见,芽种的水平位移随着时间的增长呈先略有增大然后缓慢减小最后迅速增大的趋势。由图可知当转速为 15 r/min 时,水平位移最大为 30.33 mm。不同凸轮转速下,达到最大水平位移的时间有所不同,转速越大时间越短,转速越小时间越长。当凸轮转速为 17 r/min 时,达到最大水平位移所需时间为 60 ms;当凸轮转速为 9 r/min 时,所需时间为 100 ms。

图9-10所示为投种过程中不同凸轮转速下芽种的垂直位移图。由图可见,芽种的垂直位移随着时间的增长呈先逐步增大然后迅速增大的趋势。由图可见,当转速为 11 r/min 时,最大垂直位移为 69.16 mm。转速越大达到最大垂直位移的时间越短,转速越小所需时间越长。当凸轮转速为 17 r/min 时,达到最大垂直位移所需时间为 60 ms;当凸轮转速为 9 r/min 时,所需时间为 100 ms。

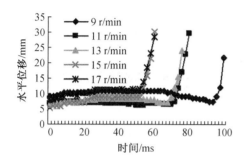

图9-9　不同凸轮转速下芽种的水平位移图　　**图9-10　不同凸轮转速下芽种的垂直位移图**

(2)运动速度分析

图9-11所示为投种过程中不同凸轮转速下芽种的水平速度图。由图可见,水平速度随时间的增长呈先有一些小的接近于零的波动,然后迅速增大的趋势。当转速为 9 r/min 时达到的最大水平速度为 4.8 mm/ms。在投种的第一阶段芽种的水平运动方向是 x 轴的反方向,由于位移很小,所以水平速度是接近于零的负值。这段时间曲线出现波动可能是由手动采集数据时的误差造成的。当转速为 17 r/min 时在 58 ms 时达到最大水平速度 2.71 mm/ms;当转速为 9 r/min 时在 98 ms 时达到最大水平速度 4.80 mm/ms。

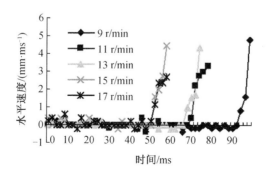

图9-11　不同凸轮转速下芽种水平速度图

图 9 - 12 所示为投种过程中不同凸轮转速下芽种的垂直速度图。由图可见,垂直速度随时间的增长呈先接近于零的正值,然后迅速增大的趋势。当转速为 17 r/min 时在 58 ms 时达到的最大垂直速度为 13.06 mm/ms;当转速为 9 r/min 时在 98 ms 时达到最大垂直速度 21.00 mm/ms。

图 9 - 13 所示为投种过程中不同凸轮转速下芽种的合速度图。由图可见,合速度图和垂直速度图曲线趋势最接近,只是数值略有增大,因此垂直速度是影响合速度的主要因素。当转速为 17 r/min 时在 58 ms 时达到的最大合速度为 13.33 mm/ms;当转速为 9 r/min 时在 98 ms 时达最大合速度 21.54 mm/ms。

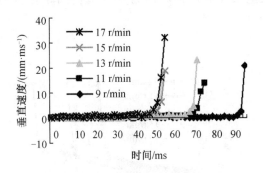

图 9 - 12　不同凸轮转速下芽种垂直速度图　　　　图 9 - 13　不同凸轮转速下芽种合速度图

利用 DPS 数据处理系统对芽种的整个投种合速度数据用麦夸特法拟合,曲线基本都符合 Peal - Reed 模型,大部分拟合后相关系数较高,如表 9 - 3 所示。

表 9 - 3　德美亚 1 号投种过程合速度拟合回归方程

转速 /(r·min⁻¹)	回归方程	曲线类型	相关系数
9	$y = 20\ 062.858\ 2/\{1 + 94\ 367.004\ 5\exp[-(0.047\ 939x - 0.009\ 470x^2 + 0.000\ 097x^3)]\}$	Peal - Reed	0.982 5
11	$y = 15.617\ 5/\{1 + 477.021\ 0\exp[-(0.301\ 678x - 0.013\ 937x^2 + 0.000\ 147x^3)]\}$	Peal - Reed	0.990 9
13	$y = 693.948\ 4/\{1 + 34\ 129.485\ 7\exp[-(0.381\ 745x - 0.017\ 023x^2 + 0.000\ 177x^3)]\}$	Peal - Reed	0.987 9
15	$y = 2\ 255.682\ 3/\{1 + 472\ 451.350\ 4\exp[-(0.502\ 495x - 0.019\ 584x^2 + 0.000\ 231x^3)]\}$	Peal - Reed	0.995 7
17	$y = 14.421\ 3/\{1 + 1\ 542.575\ 6\exp[-(0.604\ 896x - 0.029\ 413x^2 + 0.000\ 378x^3)]\}$	Peal - Reed	0.992 8

2. 龙单47芽种的运动规律分析

(1)运动轨迹分析

图9-14所示为投种过程中不同凸轮转速下芽种的运动轨迹图。由图可见,不同转速下,芽种的运动轨迹虽不同,总体来看其运动趋势是基本一致的。在不同转速下,芽种在转板上的滑移轨迹和脱离转板后的抛物线运动轨迹是不同的。由图可见,当凸轮转速较快时芽种与转板脱离所需转角较小;当凸轮转速较慢时芽种与转板脱离所需转角较大。当凸轮转速为17 r/min时,芽种垂直位移达到11.47 mm时,芽种开始逐渐与转板分离;当凸轮转速为9 r/min时,芽种垂直位移须达到12.77 mm时,芽种开始与转板分离。这组试验中当凸轮转速为13 r/min时,芽种垂直位移需达到18.61 mm时,芽种才开始与转板分离,比较特殊。原因可能是该籽粒"平躺"姿态与转板接触面积偏大,摩擦力增大导致与转板分离较慢。

图9-15所示为投种过程中不同凸轮转速下芽种的运动距离图。由图可见,不同转速下,芽种的运动距离曲线图虽趋势类似但在时间上有较大差异。总体来看,芽种相对初始位置运动的总距离是基本相同的,但凸轮转速越大,到达总距离的时间越短,凸轮转速越小,到达总距离所需的时间越长。当凸轮转速为17 r/min时,所需时间为54 ms;当凸轮转速为9 r/min、11 r/min、13 r/min时,所需时间均为100 ms。

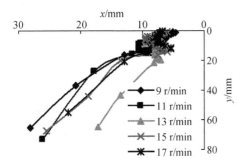

图9-14　不同凸轮转速下芽种的运动轨迹图　　　图9-15　不同凸轮转速下芽种的运动距离图

利用DPS数据处理系统对芽种的整个投种运动轨迹数据用麦夸特法拟合,曲线基本都符合Peal-Reed模型,如表9-4所示。其中当凸轮转速为9 r/min、11 r/min时,拟合曲线相关系数较高,其余三种转速时拟合曲线相关系数相对较低。

表9-4　龙单47投种全轨迹拟合回归方程

转速 $/(\text{r} \cdot \text{min}^{-1})$	回归方程	曲线类型	相关系数
9	$y = 64.978\ 0/\{1 + 14\ 150.908\ 3\exp[-(1.679\ 7x - 0.113\ 360x^2 + 0.002\ 663x^3)]\}$	Peal-Reed	0.990 0

表 9 - 4（续）

转速 /(r·min⁻¹)	回归方程	曲线类型	相关系数
11	$y = 98.5297/\{1 + 1492.1884\exp[-(0.828655x - 0.040406x^2 + 0.000798x^3)]\}$	Peal – Reed	0.9565
13	$y = 80.9437/\{1 + 0.021614\exp[-(-2.0665x + 0.210046x^2 - 0.005716x^3)]\}$	Peal – Reed	0.7890
15	$y = 73.4728/\{1 + 3.3537\exp[-(-0.418398x + 0.041290x^2 - 0.000766x^3)]\}$	Peal – Reed	0.8875
17	$y = 73.6027/\{1 + 0.000168\exp[-(-3.2777x + 0.286253x^2 - 0.006957x^3)]\}$	Peal – Reed	0.8822

将投种过程的第二和第三阶段轨迹数据曲线拟合大多符合 Yeild Density 模型，相关系数非常高，接近1，如表 9 - 5 所示。

表 9 - 5　龙单 47 投种第二第三阶段轨迹拟合回归方程

转速/(r·min⁻¹)	回归方程	曲线类型	相关系数
9	$y = 1/(0.152360 - 0.009312x + 0.000158x^2)$	Yeild Density	0.9996
11	$y = 1/(0.121033 - 0.006062x + 0.000075x^2)$	Yeild Density	0.9994
13	$y = 1/(0.114107 - 0.010385x + 0.000271x^2)$	Yeild Density	0.9990
15	$y = 1/(0.129946 - 0.008890x + 0.000172x^2)$	Yeild Density	0.9842
17	$y = 1/(0.117500 - 0.006594x + 0.000095x^2)$	Yeild Density	0.9997

图 9 - 16 所示为投种过程中不同凸轮转速下芽种的水平位移图。由图可见，芽种的水平位移随着时间的增长呈先略有增大然后缓慢减小最后迅速增大的趋势。由图可见，当转速为 9 r/min 时，水平位移最大为 28.11 mm。不同凸轮转速下，达到最大水平位移的时间有所不同，转速越大，时间越短，转速越小，时间越长。当凸轮转速为 17 r/min 时，达到最大水平位移所需时间为 54 ms；当凸轮转速为 9 r/min 时，所需时间为 70 ms。

图 9 - 17 所示为投种过程中不同凸轮转速下芽种的垂直位移图。由图可见，芽种的垂直位移随着时间的增长呈先逐步增大然后迅速增大的趋势。由图可见，当转速为 11 r/min 时，最大垂直位移为 72.70 mm。转速越大达到最大垂直位移的时间越短，转速越小达到最大垂直位移所需时间越长。当凸轮转速为 17 r/min 时，达到最大垂直位移所需时间为 54 ms；当凸轮转速为 9 r/min 时，达到最大垂直位移所需时间为 70 ms。

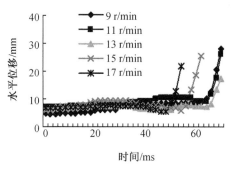

图 9 – 16 不同转速下芽种水平位移图

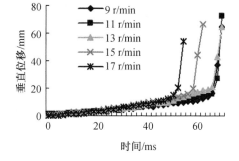

图 9 – 17 不同转速下芽种垂直位移图

（2）运动速度分析

图 9 – 18 所示为投种过程中不同凸轮转速下芽种的水平速度图。由图可见，水平速度随时间的增长先有一些小的接近于零的波动，然后迅速增大。在投种的第一阶段芽种的水平运动方向是 x 轴的反方向，由于位移很小，所以水平速度是接近于零的负值。这组试验曲线出现波动可能是由手动采集数据时的误差造成的。当转速为 17 r/min 时，在52 ms 时达到最大水平速度，4.54 mm/ms；当转速为 9 r/min 时在 66 ms 时，达到最大水平速度3.92 mm/ms。

图 9 – 19 所示为投种过程中不同凸轮转速下芽种的垂直速度图。由图可见，垂直速度随时间的增长呈先接近于零的正值，然后迅速增大的趋势。当转速为 17 r/min 时，在 52 ms 时达到的最大垂直速度为 16.87 mm/ms；当转速为 9 r/min 时，在 68 ms 时达到最大垂直速度 14.03 mm/ms。垂直速度最大值 46.66 mm/ms 出现在转速为 13 r/min 时的 68 ms 时。

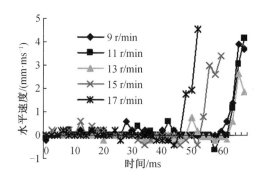

图 9 – 18 不同转速下芽种水平速度图

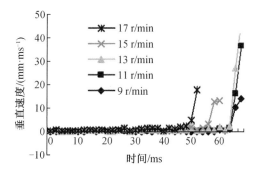

图 9 – 19 不同转速下芽种垂直速度图

图 9 – 20 所示为投种过程中不同凸轮转速下芽种的合速度图。由图可见，合速度图和垂直速度图曲线趋势最接近，只是数值略有增大，因此垂直速度是影响合速度的主要因素。当转速为 17 r/min 时，在 52 ms 时达到的合速度最大值为 17.47 mm/ms；当转速为 9 r/min 时，在时间 68 ms 时达到合速度最大值 14.51 mm/ms。而最大合速度 10.83 mm/ms 出现在转速为 13 r/min，时间 68 ms 时。

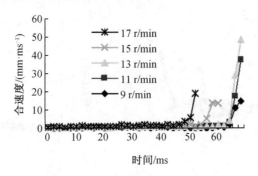

图 9 - 20　不同转速下芽种合速度图

利用 DPS 数据处理系统对芽种的整个投种合速度数据用麦夸特法拟合,曲线基本都符合 Peal - Reed 模型,拟合后相关系数均较高,如表 9 - 6 所示。

表 9 - 6　龙单 47 投种过程合速度拟合回归方程

转速 /(r·min^{-1})	回归方程	曲线类型	相关系数
9	$y = 14.7618/\{1 + 366\,524.9265\exp[-(1.2382x - 0.050\,605x^2 + 0.000\,531x^3)]\}$	Peal - Reed	0.9893
11	$y = 44.8216/\{1 + 408\,398.2835\exp[-(0.905\,816x - 0.032\,577x^2 + 0.000\,324x^3)]\}$	Peal - Reed	0.9948
13	$y = 11.1140/\{1 + 38.9207\exp[-(0.232\,347x - 0.097\,474x^2 + 0.001\,471x^3)]\}$	Peal - Reed	0.9716
15	$y = 12.3322/\{1 + 655\,524.8988\exp[-(1.6536x - 0.078\,826x^2 + 0.000\,952x^3)]\}$	Peal - Reed	0.9830
17	$y = 2\,060.5841/\{1 + 585\,521.1099\exp[-(0.713\,835x - 0.033\,045x^2 + 0.000\,432x^3)]\}$	Peal - Reed	0.9903

3. 先玉 335 芽种的运动规律分析

(1)运动轨迹分析

图 9 - 21 所示为投种过程中不同凸轮转速下芽种的运动轨迹图。由图可见,在不同转速下,芽种的运动轨迹虽不同,总体来看其运动趋势是一致的。在不同转速下,芽种在转板上的滑移轨迹和脱离转板后的抛物线运动轨迹是不同的。由图可见,当凸轮转速较快时芽种与转板脱离所需转角较小;当凸轮转速较慢时芽种与转板脱离所需转角较大。当凸轮转速为 17 r/min 时,芽种垂直位移达到 7.56 mm 时,芽种开始逐渐与转板分离;当凸轮转速为 9 r/min 时,芽种垂直位移须达到 11.95 mm 时,芽种才开始与转板分离。

图 9 - 22 所示为投种过程中不同凸轮转速下芽种的运动距离图。由图可见,不同转速下,芽种的运动距离曲线图虽趋势类似但在时间上有较大差异。总体来看,芽种相对初始位置运动的总距离是基本相同的,但凸轮转速越大,到达总距离的时间越短,凸轮转速越

小,到达总距离所需的时间越长。当凸轮转速为 17 r/min 时,所需时间为 42 ms;当凸轮转速为 9 r/min 时,所需时间为 64 ms。

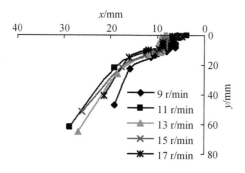

图 9 - 21　不同转速下芽种运动轨迹图

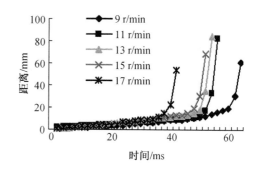

图 9 - 22　不同转速下芽种运动距离图

利用 DPS 数据处理系统对芽种的整个投种运动轨迹数据用麦夸特法拟合,曲线基本都符合 Peal - Reed 模型,相关系数均较高,如表 9 - 7 所示。

表 9 - 7　先玉 335 投种全轨迹拟合回归方程

转速 /(r·min^{-1})	回归方程	曲线类型	相关系数
9	$y = 106.280\ 9/\{1 + 2\ 975.065\ 1\exp[-(1.226\ 0x - 0.086\ 304x^2 + 0.002\ 268x^3)]\}$	Peal - Reed	0.912 2
11	$y = 61.713\ 2/\{1 + 2\ 895\ 968.241\ 7\exp[-(3.336\ 7x - 0.268\ 659x^2 + 0.006\ 971x^3)]\}$	Peal - Reed	0.992 4
13	$y = 91.846\ 6/\{1 + 3\ 231.617\ 7\exp[-(0.918\ 477x - 0.044\ 063x^2 + 0.000\ 831x^3)]\}$	Peal - Reed	0.941 0
15	$y = 66.038\ 7/\{1 + 956.530\ 4\exp[-(0.843\ 936x - 0.043\ 728x^2 + 0.000\ 895x^3)]\}$	Peal - Reed	0.967 1
17	$y = 66.387\ 0/\{1 + 2\ 557.079\ 3\exp[-(1.115\ 7x - 0.072\ 219x^2 + 0.001\ 790x^3)]\}$	Peal - Reed	0.979 7

将投种过程的第二和第三阶段轨迹曲线拟合,大多符合 Yeild Density 模型,相关系数非常高,接近 1,如表 9 - 8 所示。

表9-8　先玉335投种第二第三阶段轨迹拟合回归方程

转速/(r·min⁻¹)	回归方程	曲线类型	相关系数
9	$y = 1/(0.106\ 826 - 0.001\ 344x - 0.000\ 164x^2)$	Yeild Density	0.998 6
11	$y = 1/(0.198\ 663 - 0.011\ 199x + 0.000\ 169x^2)$	Yeild Density	0.999 5
13	$y = 1/(0.174\ 701 - 0.010\ 476x + 0.000\ 169x^2)$	Yeild Density	0.999 5
15	$y = 1/(0.177\ 618 - 0.010\ 179x + 0.000\ 157x^2)$	Yeild Density	1.000 0
17	$y = 1/(0.201\ 764 - 0.008\ 821x + 0.000\ 023x^2)$	Yeild Density	0.999 6

图9-23所示为投种过程中不同凸轮转速下芽种的水平位移图。由图可见,芽种的水平位移随着时间的增长呈先略有增大但变化平缓然后迅速增大的趋势。由图可见,当转速为11 r/min时,水平位移最大为28.74 mm。不同凸轮转速下,达到最大水平位移的时间有所不同,转速越大,时间越短,转速越小,时间越长。当凸轮转速为17 r/min时,达到最大水平位移所需时间为42 ms;当凸轮转速为9 r/min时,所需时间为64 ms。

图9-24所示为投种过程中不同凸轮转速下芽种的垂直位移图。由图可见,芽种的垂直位移随着时间的增长呈先逐步增大然后迅速增大的趋势。由图可见,当转速为13r/min时,垂直位移最大为65.20 mm。转速越大达到最大垂直位移的时间越短,转速越小所需时间越长。当凸轮转速为17 r/min时,达到最大垂直位移所需时间为42 ms;当凸轮转速为9 r/min时,所需时间为64 ms。

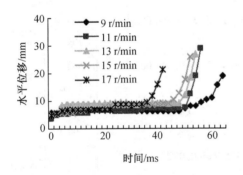

图9-23　不同转速下芽种水平位移图

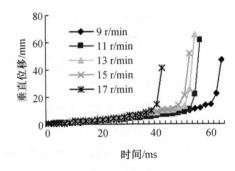

图9-24　不同转速下芽种垂直位移图

(2)运动速度分析

图9-25所示为投种过程中不同凸轮转速下芽种的水平速度图。由图可见,水平速度随时间的增长呈先有一些小的接近于零的波动,然后迅速增大的趋势。当转速为11 r/min时达到的水平速度最大值为4.85 mm/ms。在投种的第一阶段芽种的水平运动方向是x轴的反方向,由于位移很小,所以水平速度是接近于零的负值。这段时间曲线出现波动可能是由手动采集数据时的误差造成的。当转速为17 r/min时,40 ms时达到最大水平速度2.70 mm/ms;当转速为9 r/min时在60 ms时达到最大水平速度2.34 mm/ms。转速为9 r/min的水平速度曲线后期水平速度反而略有下降,可能是由人工采集数据的误差造生的。

图 9-26 所示为投种过程中不同凸轮转速下芽种的垂直速度图。由图可见,垂直速度随时间的增长呈先接近于零的正值,然后迅速增大的趋势。当转速为 17 r/min 时,40 ms 时达到的最大垂直速度为 13.02 mm/ms;当转速为 9 r/min 时,62 ms 时达到最大垂直速度 12.23 mm/ms。最大垂直速度 20.04 mm/ms 出现在转速为 11 r/min 的 54 ms 时。

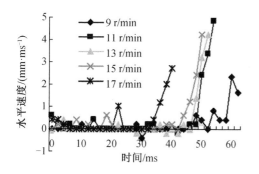

图 9-25 不同转速下芽种水平速度图

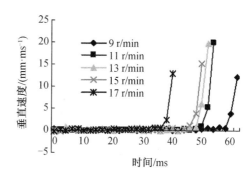

图 9-26 不同转速下芽种垂直速度图

图 9-27 所示为投种过程中不同凸轮转速下芽种的合速度图。由图可见,合速度图和垂直速度图曲线趋势最接近,只是数值略有增大,因此垂直速度是影响合速度的主要因素。当转速为 17 r/min 时,40 ms 时达到的最大合速度为 13.30 mm/ms;当转速为 9 r/min 时,62 ms 时达到最大合速度 12.33 mm/ms。最大合速度 20.24 mm/ms 出现在转速为 13 r/min 的 52 ms 时。

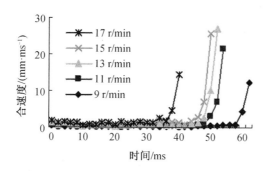

图 9-27 不同转速下芽种合速度图

利用 DPS 数据处理系统对芽种的整个投种合速度数据用麦夸特法拟合,曲线基本都符合 Peal-Reed 模型,拟合后相关系数均较高,在 0.98 以上,如表 9-9 所示。

表 9-9 先玉 335 投种过程合速度拟合回归方程

转速 /(r·min⁻¹)	回归方程	曲线类型	相关系数
9	$y = 127.508\ 2/\{1 + 15\ 925.040\ 3\exp[-(0.469\ 160x - 0.019\ 015x^2 + 0.000\ 216x^3)]\}$	Peal-Reed	0.982 7

表 9 - 9（续）

转速 /(r·min^{-1})	回归方程	曲线类型	相关系数
11	$y = 11\,272.099\,7/\{1 + 25\,030.277\,5\exp[-(-0.063\,507x - 0.005\,137x^2 + 0.000\,141x^3)]\}$	Peal - Reed	0.997 6
13	$y = 35.290\,3/\{1 + 130.663\,1\exp[-(0.173\,175x - 0.018\,620x^2 + 0.000\,331x^3)]\}$	Peal - Reed	0.996 6
15	$y = 603.855\,4/\{1 + 583\,366.200\,7\exp[-(0.801\,535x - 0.034\,213x^2 + 0.000\,441x^3)]\}$	Peal - Reed	0.993 1
17	$y = 17\,704.044\,0/\{1 + 62\,251.843\,0\exp[-(0.141\,292x - 0.018\,243x^2 + 0.000\,428x^3)]\}$	Peal - Reed	0.990 2

9.3.4　不同品种玉米芽种的运动规律对比分析

德美亚 1 号、龙单 47 和先玉 335 三个品种玉米的性状不同，所以投种过程中的运动规律是不同的。这里对试验条件不变，固定转速为 11 r/min 时的德美亚 1 号、龙单 47 和先玉 335 的投种运动规律进行对比试验研究。

1. 运动轨迹对比分析

图 9 - 28 所示为三个品种芽种在投种过程中的运动轨迹对比图。由图可见，虽然各轨迹曲线类似，但仍不相同。最先从转板脱离的是先玉 335，然后是德美亚 1 号，最后是龙单 47，造成该现象的原因是不同品种芽种处于"平躺"姿态时，其与转板的接触面积不同。接触面积越大，摩擦力越大，脱离越慢，所需转板角位移越大。其中龙单 47 最扁平，与转板接触面积最大，而先玉 335 形状呈楔形，最细长，与转板接触面积最小。

图 9 - 29 所示为三个品种芽种在投种过程中的运动距离对比图。由图可见，曲线都呈先缓慢增长后快速增长的趋势。其中德美亚 1 号在 80 ms 达到最大距离 90.92 mm；龙单 47 在 70 ms 达到最大距离 83.01 mm；先玉 335 在 56ms 达到最大距离 82.92 mm。

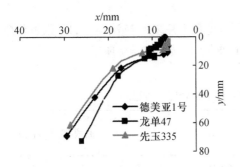

图 9 - 28　不同品种芽种运动轨迹图

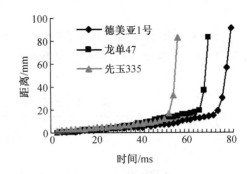

图 9 - 29　不同品种芽种运动距离图

图 9-30 所示为三品种芽种在投种过程中的水平位移图。由图可见,曲线都呈先缓慢增长后快速增长的趋势。其中德美亚 1 号在 80ms 达到最大水平位移 29.67 mm;龙单 47 在 70 ms 达到最大水平位移 26.17 mm;先玉 335 在 56ms 达到最大水平位移 28.74 mm。

图 9-31 所示为三品种芽种在投种过程中的垂直位移图。由图可见,曲线都从 0 开始呈先缓慢增长后快速增长的趋势。与图 9-30 的变化趋势类似,但数值大得多。其中德美亚 1 号在 80 ms 达到最大垂直位移 69.16 mm;龙单 47 在 70 ms 达到最大垂直位移 72.70 mm;先玉 335 在 56 ms 达到最大垂直位移 61.71 mm。

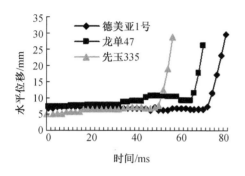

图 9-30　不同品种芽种水平位移图

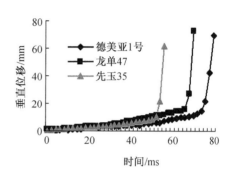

图 9-31　不同品种芽种垂直位移图

2. 运动速度对比分析

图 9-32 所示为三个品种芽种在投种过程中的水平速度图。由图可见,其中德美亚 1 号在 80 ms 达到最大水平速度 3.29 mm/ms;龙单 47 在 70ms 达到最大水平速度 4.17 mm/ms;先玉 335 在 56ms 达到最大水平速度 4.85 mm/ms。

图 9-33 所示为三个品种芽种在投种过程中的垂直速度图。由图可见,垂直速度图的变化趋势和水平速度图的变化趋势类似,但数值大得多。其中德美亚 1 号在 80 ms 达到最大垂直速度 13.47 mm/ms;龙单 47 在 70 ms 达到最大垂直速度 22.68 mm/ms;先玉 335 在 56 ms 达到最大垂直速度 20.04 mm/ms。

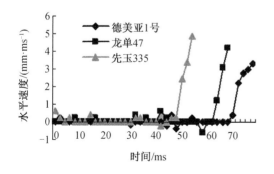

图 9-32　不同品种芽种水平速度图

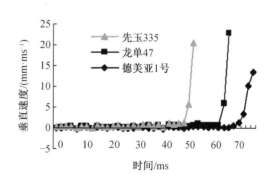

图 9-33　不同品种芽种垂直速度图

图 9-34 所示为三个品种芽种在投种过程中的合速度图。由图可见,该图的变化趋势和图 9-33 几乎相同,只是数值略大。其中德美亚 1 号在 80 ms 达到最大合速度

13.87 mm/ms;龙单 47 在 70 ms 达到最大合速度 23.06 mm/ms;先玉 335 在 56 ms 达到最大合速度 20.62 mm/ms。

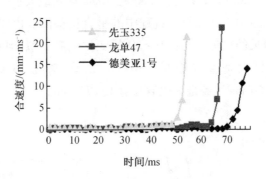

图 9 - 34　不同品种芽种合速度图

9.4　小　　结

　　本章针对玉米芽种精量播种装置对于玉米芽种的投种过程进行了高速摄像拍摄,并对再现图像进行了数据采集、分析和对比。结果如下:

　　(1)通过高速摄像拍摄对玉米芽种的投种过程进行了再现观察,观察到其运动轨迹明显分为三个阶段。第一阶段芽种随转板旋转几乎没有相对运动;第二阶段芽种在转板上发生滑移,时间很短;第三阶段芽种从转板上脱离,呈抛物线状下落。

　　(2)分别对德美亚 1 号、龙单 47 和先玉 335 三个品种的玉米芽种在不同凸轮转速下的投种轨迹、位移和速度等进行分析。其投种全轨迹曲线经拟合 93.33% 以上均符合 Peal - Reed 模型,而第二第三阶段轨迹曲线经拟合均符合 Yeild Density 模型,相关系数很高,在 0.984 以上。位移和速度变化趋势类似,均是先几乎不变而后迅速增大的趋势。其中垂直位移明显大于水平位移,垂直速度大于水平速度。合速度曲线经拟合均符合 Peal - Reed 模型,相关系数也很高,在 0.971 6 以上。总体来看,凸轮转速越大,芽种投种时间越短,水平位移越小,速度差异不大。

　　(3)对德美亚 1 号、龙单 47 和先玉 335 芽种在相同转速下的投种轨迹、位移和速度等进行对比分析。总体来看,德美亚 1 号所需投种时间最长,其次为龙单 47,而先玉 335 所需投种时间最短。

第10章 玉米芽种精量播种装置播种性能试验研究

10.1 试验设备和条件

试验装置如图 6-2 所示。

试验条件:试验芽种为德美亚 1 号、龙单 47 和先玉 335;为了相对准确地反映玉米芽种的落点位置情况,穴孔内秧土占穴孔深度的 2/3,且表面做平整处理。

10.2 主要评定指标

试验在黑龙江八一农垦大学工程学院自行研制的玉米芽种钵盘精量播种装置上进行,参照《单粒(精密)播种机试验方法》(GB/T6973—2005)进行试验,并根据播种试验的特点,在前人研究经验基础上,设计和统计试验性能指标。本章主要是针对玉米钵苗移栽所需的钵苗进行精量播种,而玉米芽种能否落在秧盘每穴的中心位置直接会影响到移栽的效果,且偏离中心的钵苗可能在移栽过程中受到机械损伤。因此播种的最佳效果是实现单粒芽播并且芽种落到秧盘每穴的中心位置。因此播种性能的评价指标除了囊种试验用到的单粒率、空穴率、多粒率、损伤率、破碎率以外,另增加了一项性能指标——落点偏移量来考核芽种落点的准确度。落点偏移量的计算方法请参看 7.1.2 主要评定指标部分内容及图 7-1。

10.3 单因素试验研究

在前面第 6 章囊种试验研究的基础上,这里根据不同品种玉米优化后的组合参数方案进行了播种单因素试验研究。在给定玉米品种、芽种含水率、型孔直径、型孔板厚度、种箱速度、凸轮转速的情况下,研究秧盘偏移量(秧盘穴孔中心与型孔中心的偏移距离)对播种性能指标的影响。

10.3.1 试验因素及其取值范围的确定

根据前述研究结果,芽种下落的垂直距离越大,芽种的水平方向偏移量越大,芽种的运动速度越快,落点越不好控制。因此在保证转板能够正常开启的情况下,秧盘上表面到型孔板的垂直距离越小越好,这里选择 30 mm。

选择秧盘偏移量进行单因素试验研究,选取秧盘偏移量为 0 mm、5 mm、10 mm、20 mm、30 mm、40 mm、50 mm 时,分析秧盘偏移量变化对播种性能指标的影响。

10.3.2 单因素试验结果与分析

1.德美亚 1 号单因素试验结果与分析

在型孔直径 14 mm、型孔板厚度 6 mm、种箱速度 0.119 m/s、凸轮转速 13 r/min 的情况下,选取秧盘偏移量为 0 mm、5 mm、10 mm、20 mm、30 mm、40 mm 和 50 mm 时,分析秧盘偏移量变化对播种性能指标的影响。试验结果分析图图 10 - 1 ~ 图 10 - 3 所示。

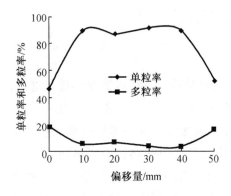
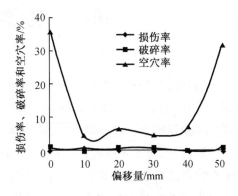

图 10 - 1　单粒率和多粒率变化曲线　　**图 10 - 2　损伤率、破碎率和空穴率变化曲线**

图 10 - 1 所示为单粒率、多粒率随秧盘偏移量的变化曲线。由图可见,随着秧盘偏移量的增加,单粒率的变化最为显著,先显著增加,然后略有上下浮动,最后快速下落。单粒率曲线两头低的原因是其对应的空穴率高;多粒率的变化总体来看是先下降后增加,多粒率不稳定两头高的原因是,芽种落点与穴孔没有对应,芽种可能恰好落到秧盘内格棱上导致其被弹到其他穴孔内,引起空穴率和多粒率增高,多粒率值本就很小,变化不显著。当秧盘偏移量为 30 mm 时,单粒率最大为 91.43%,多粒率较小为 3.81%。

图 10 - 2 所示为损伤率、破碎率和空穴率随秧盘偏移量的变化曲线。由图可见,随着秧盘偏移量的增加,变化最显著的是空穴率,总体呈先迅速下降后迅速上升的趋势。造成空穴率两头高中间低的原因是秧盘偏移量不合适,芽种没有落入预先指定的穴孔内。损伤率和破碎率值很小没有显著变化。当秧盘偏移量为 30 mm 时,空穴率最小为 4.76%,损伤率较小为 0,破碎率为 0.95%。

图 10-3 所示为芽种落点偏移量与秧盘偏移量的关系曲线。由图可见,随着秧盘偏移量的增加,芽种落点偏移量呈先下降后上升的趋势,经拟合,曲线符合 Peal - Reed 模型,回归方程为:$y = 23.1826/\{1 + 0.634\,949\exp[-(-0.050\,056x + 0.001\,134x^2 - 0.000\,003x^3)]\}$,相关系数为 0.997 9。当秧盘偏移量为 30 mm 时,芽种落点偏移量最小为 10.80 mm。

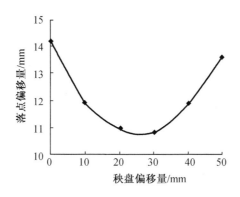

图 10-3　芽种落点偏移量与秧盘偏移量的关系曲线

2. 龙单 47 单因素试验结果与分析

在型孔直径 14 mm、型孔板厚度 6 mm、种箱速度 0.095m/s、凸轮转速 9 r/min 的情况下,选取秧盘偏移量为 0 mm、5 mm、10 mm、20 mm、30 mm、40 mm 和 50 mm 时,分析秧盘偏移量变化对播种性能指标的影响。试验结果如图 10-4 至图 10-6 所示。

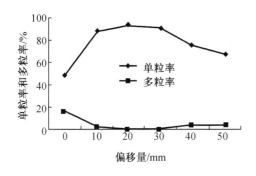

图 10-4　单粒率和多粒率变化曲线

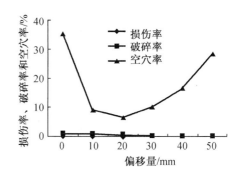

图 10-5　损伤率、破碎率和空穴率变化曲线

图 10-4 所示为单粒率、多粒率随秧盘偏移量的变化曲线。由图可见,随着秧盘偏移量的增加,单粒率的变化最为显著,总体呈先上升后下降的趋势,中间变化平缓。单粒率曲线两头低的原因是其对应的空穴率高;多粒率的变化总体来看是先下降后增加,多粒率不稳定两头偏高的原因是,芽种落点与穴孔没有对应,芽种可能恰好落到秧盘内格棱上导致其被弹到其他穴孔内,引起空穴率和多粒率增高。当秧盘偏移量为 10 mm、20 mm 和 30 mm 时,单粒率分别为 88.16%、93.39% 和 90.00%,差值很小,对应的多粒率分别为 2.86%,0.41% 和 0。

图 10-5 所示为损伤率、破碎率和空穴率随秧盘偏移量的变化曲线。由图可见,随着秧

盘偏移量的增加变化最显著的是空穴率,总体呈先迅速下降,中间变化平缓,后迅速上升的趋势。造成空穴率两头高中间低的原因是秧盘偏移量不合适,芽种没有落入预先指定的穴孔内。损伤率和破碎率值很小没有显著变化。当秧盘偏移量为 10 mm、20 mm 和 30 mm 时,空穴率分别为 8.98%、6.20% 和 10.00%,损伤率较小均为 0,破碎率分别为 0.82%、0.41% 和 0。

图 10 – 6 所示为芽种落点偏移量与秧盘偏移量的关系曲线。由图可见,随着秧盘偏移量的增加,芽种落点偏移量呈先下降后上升的趋势,经拟合,曲线符合 Peal – Reed 模型,回归方程为 $y = 11\,404.359\,9/\{1 + 797.314\,0\exp[-(-0.044\,359x + 0.001\,725x^2 - 0.000\,016x^3)]\}$,相关系数为 0.999 9。当秧盘偏移量为 20 mm 时,芽种落点偏移量最小,为 10.01 mm。

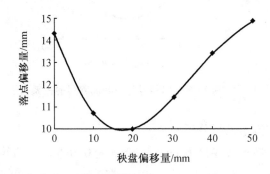

图 10 – 6　芽种落点偏移量与秧盘偏移量的关系曲线

3. 先玉 335 单因素试验结果与分析

在型孔直径 14 mm、型孔板厚度 7 mm、种箱速度 0.101 m/s、凸轮转速 11 r/min 的情况下,选取秧盘偏移量为 0 mm、5 mm、10 mm、20 mm、30 mm、40 mm 和 50 mm 时,分析秧盘偏移量变化对播种性能指标的影响。试验结果如图 10 – 7 ~ 图 10 – 9 所示。

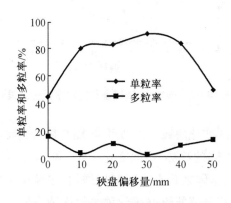

图 10 – 7　单粒率和多粒率变化曲线

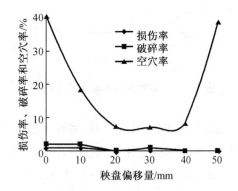

图 10 – 8　损伤率、破碎率和空穴率变化曲线

图 10 – 7 所示为单粒率、多粒率随秧盘偏移量的变化曲线。由图可见,随着秧盘偏移量的增加,单粒率的变化最为显著,总体呈先上升后下降的趋势。多粒率的变化总体来看是先下降后增加的趋势。当秧盘偏移量为 30 mm 时,单粒率最大为 90.98%,多粒率最小为

1.95%。

图 10 - 8 所示为损伤率、破碎率和空穴率随秧盘偏移量的变化曲线。由图可见,随着秧盘偏移量的增加,空穴率的变化最显著,总体呈先迅速下降后迅速上升的趋势。造成空穴率两头高中间低的原因是秧盘的偏移量不合适,芽种没有落入预先指定的穴孔内。损伤率和破碎率值很小,没有显著变化。当秧盘偏移量为 30 mm 时,空穴率最小为 6.97%,损伤率较小为 0,破碎率为 0.94%。

图 10 - 9 所示为芽种落点偏移量与秧盘偏移量的关系曲线。由图可见,随着秧盘偏移量的增加,芽种落点偏移量呈先下降后上升的趋势,经拟合曲线符合 Peal - Reed 模型,回归方程为 $y = 28.782\,8/\{1 + 1.026\,1\exp[-(-0.011\,147x - 0.000\,443x^2 + 0.000\,013x^3)]\}$,相关系数为 0.999 5。当秧盘偏移量为 30 mm 时,芽种落点偏移量最小,为 11.54 mm。

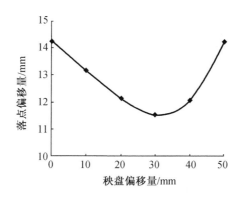

图 10 - 9　芽种落点偏移量与秧盘偏移量的关系曲线

10.4　多因素试验研究

10.4.1　试验设计及方案

根据前面机理研究和单因素试验研究结果,其他参数固定时,进一步研究秧盘偏移量和凸轮转速两因素组合情况下对播种装置播种性能的影响。因素编码表如表 10 - 1 所示。

选取秧盘偏移量 x_1 和凸轮转速 x_2 共两个因素,以单粒率、空穴率、多粒率、损伤率、破碎率和落点偏移量为播种性能指标,采用两因素五水平的正交旋转组合设计的试验方案。两因素五水平二次正交旋转组合试验安排如表 10 - 2 所示。

表 10 – 1　因素水平编码表

玉米品种	德美亚 1 号		龙单 47		先玉 335	
	因素水平		因素水平		因素水平	
编码值 x_j	秧盘偏移量 x_1/mm	凸轮转速 x_2 /(r·min⁻¹)	秧盘偏移量 x_1/mm	凸轮转速 x_2 /(r·min⁻¹)	秧盘偏移量 x_1/mm	凸轮转速 x_2 /(r·min⁻¹)
上星号臂(γ)	40	17	30	13	40	15
上水平(+1)	$37.07 \approx 37$	$15.83 \approx 16$	$27.07 \approx 27$	$11.83 \approx 12$	$37.07 \approx 37$	$13.83 \approx 14$
零水平(0)	30	13	20	9	30	11
下水平(-1)	$22.93 \approx 23$	$10.17 \approx 10$	$12.93 \approx 13$	$6.17 \approx 6$	$22.93 \approx 23$	$8.17 \approx 8$
下星号臂($-\gamma$)	20	9	10	5	20	7

表 10 – 2　二次正交旋转组合设计试验安排表

试验序号	x_1	x_2	y
1	1	1	y_1
2	1	-1	y_2
3	-1	1	y_3
4	-1	-1	y_4
5	-1.414 21	0	y_5
6	1.414 21	0	y_6
7	0	-1.414 21	y_7
8	0	1.414 21	y_8
9	0	0	y_9
10	0	0	y_{10}
11	0	0	y_{11}
12	0	0	y_{12}
13	0	0	y_{13}
14	0	0	y_{14}
15	0	0	y_{15}
16	0	0	y_{16}

10.4.2　试验因素对性能指标影响的统计及效应分析

1. 德美亚 1 号

(1)试验方案及数据结果

多因素试验方案和试验数据如表 10 – 3 所示。

表10-3 二次正交旋转组合设计试验方案及数据结果

试验序号	秧盘偏移量 /mm	凸轮转速 /(r·min⁻¹)	单粒率 /%	空穴率 /%	多粒率 /%	落点偏移量 /mm	损伤率 /%	破碎率 /%
1	37	16	72.86	16.57	10.57	12.11	0.00	0.68
2	37	10	74.29	15.14	10.57	12.21	0.00	0.71
3	23	16	86.29	6.71	7.00	9.90	0.00	0.95
4	23	10	83.52	8.48	8.00	10.10	0.00	0.83
5	20	13	86.67	6.67	6.67	10.97	0.00	0.91
6	40	13	89.29	7.14	3.57	11.89	0.00	0.00
7	30	9	72.86	18.14	9.00	10.68	0.00	0.74
8	30	17	62.48	19.67	17.86	9.95	0.00	0.95
9	30	13	96.00	0.00	4.00	9.71	0.00	0.00
10	30	13	88.57	8.43	3.00	9.71	0.00	0.00
11	30	13	94.29	0.00	5.71	7.43	2.86	0.00
12	30	13	97.14	2.86	0.00	8.29	0.00	2.86
13	30	13	82.86	11.43	5.71	9.86	0.00	0.00
14	30	13	94.29	2.86	2.86	8.57	0.00	0.00
15	30	13	94.29	5.71	0.00	9.32	0.00	0.00
16	30	13	91.43	2.86	5.71	9.73	0.00	2.75

（2）试验数据结果回归方程

根据正交旋转试验结果,采用 DPS 数据处理系统,对试验数据进行回归,求得各个试验因素与性能指标之间关系的回归方程如下:

单粒率为

$$y = 92.357\,14 - 2.370\,35x_1 - 1.668\,44x_2 - 1.836\,31x_1^2 - 11.991\,07x_2^2 - 1.047\,62x_1x_2$$

空穴率为

$$y = 4.267\,86 + 2.149\,66x_1 + 0.227\,71x_2 + 1.023\,81x_1^2 + 7.023\,81x_2^2 + 0.797\,62x_1x_2$$

多粒率为

$$y = 3.375\,00 + 0.220\,69x_1 + 1.440\,74x_2 + 0.812\,50x_1^2 + 4.967\,26x_2^2 + 0.250\,00x_1x_2$$

落点偏移量为

$$y = 9.078\,19 + 0.701\,96x_1 - 0.165\,58x_2 + 1.228\,56x_1^2 + 0.670\,30x_2^2 + 0.020\,83x_1x_2$$

试验中损伤率和破碎率几乎为零,因素与损伤率和破碎率之间没有显著影响规律。

（3）回归方程显著性检验

回归方程显著性检验如表 10-4、表 10-5 所示, $F_1 < F_{0.05}$ 为不显著,方程拟合很好, $F_2 > F_{0.01}$ 为显著,方程有意义。

表 10 – 4　F_1 检验表

回归方程	F_1	比较条件	F 查表值	检验结果	说明
单粒率	1.879	<	$F_{0.05}(3,7)=4.35$	不显著	方程拟合很好
空穴率	0.721	<	$F_{0.05}(3,7)=4.35$	不显著	方程拟合很好
多粒率	2.148	<	$F_{0.05}(3,7)=4.35$	不显著	方程拟合很好
落点偏移	0.550	<	$F_{0.05}(3,7)=4.35$	不显著	方程拟合很好

表 10 – 5　F_2 检验表

回归方程	F_2	比较条件	F 查表值	检验结果	说明	贡献率
单粒率	9.057	>	$F_{0.01}(5,10)=5.64$	显著	拟合很好	$\Delta_1=0.3865,\Delta_2=0.9760$
空穴率	5.985	>	$F_{0.01}(5,10)=5.64$	显著	拟合很好	$\Delta_1=0.5996,\Delta_2=0.9625$
多粒率	5.726	>	$F_{0.01}(5,10)=5.64$	显著	拟合很好	$\Delta_1=0,\Delta_2=1.4985$
落点偏移量	5.829	>	$F_{0.01}(5,10)=5.64$	显著	拟合很好	$\Delta_1=1.7710,\Delta_2=0.7107$

经 t 检验，$\alpha=0.5$ 显著水平剔除不显著项，其他回归系数都在不同程度上显著，因此，回归方程可简化为

单粒率

$$y=92.35875-2.36935x_1-1.66744x_2-1.83563x_1{}^2-11.99063x_2{}^2$$

空穴率

$$y=4.26875+2.14809x_1+1.02312x_1{}^2+7.02312x_2{}^2$$

多粒率

$$y=3.37375+1.44124x_2+0.81312x_1{}^2+4.96812x_2{}^2$$

落点偏移量

$$y=9.07750+0.70263x_1+1.22812x_1{}^2+0.67062x_2{}^2$$

（4）因素对性能指标的影响分析

根据玉米芽种精量播种装置播种试验结果，对性能指标进行单因素和双因素效应分析。

①单粒率。

a. 秧盘偏移量与单粒率之间的关系。

在模型中将凸轮转速固定在 –1，0，1 水平上，可分别得到秧盘偏移量与单粒率之间的一元回归模型。

曲线 1（x_1，–1）

$$y=82.03556-2.36935x_1-1.83563x_1{}^2$$

曲线 2（x_1，0）

$$y=92.35875-2.36935x_1-1.83563x_1{}^2$$

曲线 3（x_1，1）

$$y = 78.700\ 68 - 2.369\ 35x_1 - 1.835\ 63x_1^2$$

b. 凸轮转速与单粒率之间的关系。

在模型中将秧盘偏移量固定在 -1,0,1 水平上,可分别得到凸轮转速与单粒率之间的一元回归模型。

曲线 1($-1, x_2$)

$$y = 92.892\ 47 - 1.667\ 44x_2 - 11.990\ 63x_2^2$$

曲线 2($0, x_2$)

$$y = 92.358\ 75 - 1.667\ 44x_2 - 11.990\ 63x_2^2$$

曲线 3($1, x_2$)

$$y = 88.453\ 77 - 1.667\ 44x_2 - 11.990\ 63x_2^2$$

图 10-10 所示为秧盘偏移量对性能指标单粒率的影响曲线。由图可见,不论凸轮转速取何水平,随着秧盘偏移量的逐渐增加,单粒率呈先略有上升后缓慢下降的趋势。当秧盘偏移量取 -1 水平时,单粒率值较大。当秧盘偏移量取 -1 水平,同时凸轮转速取 0 水平时,单粒率达到最大值为 92.89%;当秧盘偏移量取 1.414 水平,凸轮转速取 1 水平时,单粒率达到最小值为 71.68%。

图 10-11 所示为凸轮转速对性能指标单粒率的影响曲线图。由图可见,不论秧盘偏移量取何水平,随着凸轮转速的逐渐增加,单粒率呈先略有上升后缓慢下降的趋势。当秧盘偏移量取 -1 水平时,单粒率值较大;当秧盘偏移量取 0 水平时,单粒率值较 -1 水平时略小一点点。当凸轮转速取 0 水平,同时秧盘偏移量取 -1 水平时,单粒率达到最大值为 92.89%;当秧盘偏移量取 1 水平,凸轮转速取 1.414 水平时,单粒率达到最小值为 62.12%。

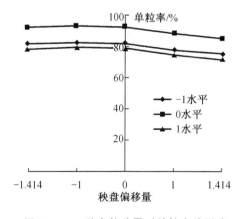

图 10-10 秧盘偏移量对单粒率的影响

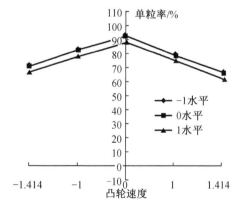

图 10-11 凸轮转速对单粒率的影响

c. 秧盘偏移量与凸轮转速的交互作用对单粒率的影响分析。

图 10-12 所示为秧盘偏移量与凸轮转速交互作用时对单粒率影响。由图可见,秧盘偏移量相对于凸轮转速来说对单粒率的影响很小。当种箱速度固定时,随着秧盘偏移量水平的增加,单粒率先略有上升后缓慢下降,总体变化不大。当秧盘偏移量固定时,随着种箱速

度的增加,单粒率仍呈先上升后下降的趋势,但变化幅度相对大了一些。由图可见,单粒率最大值出现在秧盘偏移量 -0.5 水平,凸轮转速 0 水平时。由各因素的贡献率和交互作用可知,对单粒率影响的大小顺序为凸轮转速 > 秧盘偏移量。

②空穴率。

a. 秧盘偏移量与空率之间的关系。

在模型中将凸轮转速固定在 -1,0,1 水平上,可分别得到秧盘偏移量与空穴率之间的一元回归模型。

曲线 $1(x_1, -1)$

$$y = 11.291\ 85 + 2.148\ 09x_1 + 1.023\ 12x_1^2$$

曲线 $2(x_1, 0)$

$$y = 4.268\ 75 + 2.148\ 09x_1 + 1.023\ 12x_1^2$$

曲线 $3(x_1, 1)$

$$y = 11.291\ 85 + 2.148\ 09x_1 + 1.023\ 12x_1^2$$

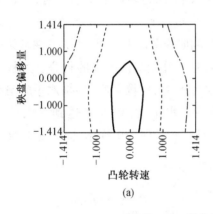 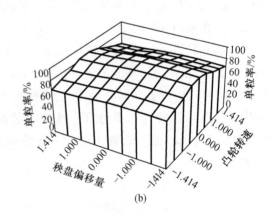

图 10 - 12　秧盘偏移量与凸轮转速对单粒率的影响

b. 凸轮转速与空穴率之间的关系。

在模型中将秧盘偏移量固定在 -1,0,1 水平上,可分别得到凸轮转速与空穴率之间的一元回归模型。

曲线 $1(-1, x_2)$

$$y = 3.143\ 78 + 7.023\ 12x_2^2$$

曲线 $2(0, x_2)$

$$y = 4.268\ 75 + 7.023\ 12x_2^2$$

曲线 $3(1, x_2)$

$$y = 7.439\ 96 + 7.023\ 12x_2^2$$

图 10 - 13 所示为秧盘偏移量对性能指标空穴率的影响曲线。由图可见,不论凸轮转速取何水平,随着秧盘偏移量的逐渐增加,空穴率呈先略有下降后上升的趋势。当凸轮转速为 -1 和 1 水平时,空穴率曲线重合。当秧盘偏移量取 -1 水平时,空穴率值较小。当秧盘

偏移量取 −1 水平,同时凸轮转速取 0 水平时,空穴率达到最小值为 3.14% ;当秧盘偏移量取 1.414 水平,凸轮转速取 −1 或 1 水平时,空穴率达到最小值为 16.37% 。

图 10 −14 所示为凸轮转速对性能指标空穴率的影响曲线。由图可见,随着凸轮转速的逐渐增加,空穴率呈先下降后上升的趋势,变化幅度很大。当秧盘偏移量取 0 水平时,相对来说空穴率值较小。当凸轮转速取 0 水平,同时秧盘偏移量取 0 水平时,空穴率达到最小值为 3.14% ;当秧盘偏移量取 1 水平,凸轮转速取 −1.414 或 1.414 水平时,空穴率达到最大值为 21.48% 。

c.秧盘偏移量与凸轮转速的交互作用对空穴率的影响分析。

图 10 −15 所示为秧盘偏移量与凸轮转速交互作用时对空穴率的影响。由图可见,当秧盘偏移量固定时,随着凸轮转速的增加,空穴率呈先下后上升降的趋势。当凸轮转速固定时,随着秧盘偏移量的增加,空穴率呈先缓慢下降的趋势。由图可见,空穴率最小值出现在秧盘偏移量 −1 水平,凸轮转速 0 水平时。由各因素的贡献率和交互作用可知,对空穴率影响的大小顺序为凸轮转速 >秧盘偏移量。

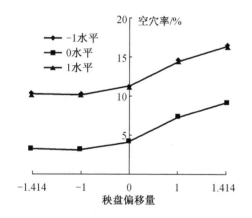

图 10 −13　秧盘偏移量对空穴率的影响

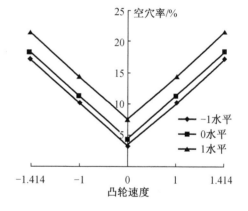

图 10 −14　凸轮转速对空穴率的影响

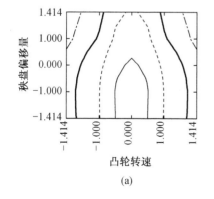

(a)

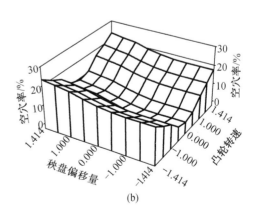

(b)

图 10 −15　秧盘偏移量与凸轮转速对空穴率的影响

③多粒率。

a.秧盘偏移量与多粒率之间的关系。

在模型中将凸轮转速固定在 -1,0,1 水平上,可分别得到秧盘偏移量与多粒率之间的一元回归模型。

曲线 1(x_1, -1)

$$y = 6.900\ 63 + 0.813\ 12x_1^2$$

曲线 2(x_1, 0)

$$y = 3.373\ 75 + 0.813\ 12x_1^2$$

曲线 3(x_1, 1)

$$y = 9.783\ 11 + 0.813\ 12x_1^2$$

b. 凸轮转速与多粒率之间的关系。

在模型中将秧盘偏移量固定在 -1,0,1 水平上,可分别得到凸轮转速与多粒率之间的一元回归模型。

曲线 1(-1, x_2)

$$y = 4.186\ 87 + 1.441\ 24x_2 + 4.968\ 12x_2^2$$

曲线 2(0, x_2)

$$y = 3.373\ 75 + 1.441\ 24x_2 + 4.968\ 12x_2^2$$

曲线 3(1, x_2)

$$y = 4.186\ 87 + 1.441\ 24x_2 + 4.968\ 12x_2^2$$

图 10 - 16 为秧盘偏移量对多粒率的影响曲线。由图可见,无论凸轮转速如何,随着秧盘偏移量水平的增加,多粒率呈先缓慢下降后缓慢上升的趋势。当凸轮转速为 0 水平时,多粒率相对较小。由图可知,当秧盘偏移量为 0 水平,凸轮转速为 0 水平时,多粒率的最小值为 3.37%。

图 10 - 17 所示为凸轮转速对多粒率的影响曲线。由图可见,无论凸轮转速如何,随着秧盘偏移量水平的增加,多粒率呈先快速下降后快速上升的趋势。当秧盘偏移量为 -1 和 1 水平时,多粒率的曲线重合。当秧盘偏移量为 0 水平时,多粒率相对较小。由图可知,当凸轮转速为 0 水平,秧盘偏移量为 0 水平时,多粒率的最小值为 3.37%。

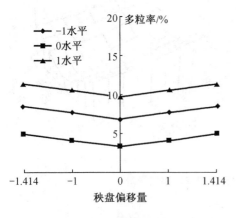

图 10 - 16　秧盘偏移量对多粒率的影响

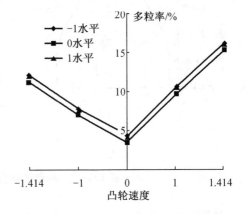

图 10 - 17　凸轮转速对多粒率的影响

c. 秧盘偏移量与凸轮转速的交互作用对多粒率的影响分析。

图 10-18 所示为秧盘偏移量与凸轮转速交互作用时对多粒率的影响。由图可见,当秧盘偏移量固定时,随着凸轮转速水平的增加,多粒率呈先下降再上升的趋势。当凸轮转速固定时,随着秧盘偏移量水平的增加,多粒率呈先缓慢下降后缓慢上升的趋势,变化幅度很小。由图可知,多粒率最小值出现在秧盘偏移量为 0 水平,凸轮转速为 0 水平时。由各因素的贡献率和交互作用可知,对多粒率影响的大小顺序为凸轮转速 > 秧盘偏移量。

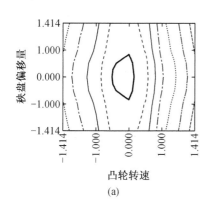 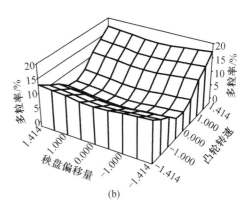

(a)   (b)

图 10-18　秧盘偏移量与凸轮转速对多粒率的影响

④落点偏移量。

a. 秧盘偏移量与落点偏移量之间的关系。

在模型中将凸轮转速固定在 -1,0,1 水平上,可分别得到秧盘偏移量与落点偏移量之间的一元回归模型。

曲线 $1(x_1, -1)$

$$y = 9.748\ 12 + 0.702\ 63x_1 + 1.228\ 12x_1^2$$

曲线 $2(x_1, 0)$

$$y = 9.077\ 50 + 0.702\ 63x_1 + 1.228\ 12x_1^2$$

曲线 $3(x_1, 1)$

$$y = 9.748\ 12 + 0.702\ 63x_1 + 1.228\ 12x_1^2$$

b. 凸轮转速与落点偏移量之间的关系。

在模型中将秧盘偏移量固定在 -1,0,1 水平上,可分别得到凸轮转速与落点偏移量之间的一元回归模型。

曲线 $1(-1, x_2)$

$$y = 9.602\ 99 + 0.670\ 62x_2^2$$

曲线 $2(0, x_2)$

$$y = 9.077\ 50 + 0.670\ 62x_2^2$$

曲线 $3(1, x_2)$

$$y = 11.008\ 25 + 0.670\ 62x_2^2$$

图 10-19 所示为秧盘偏移量对落点偏移量的影响曲线。由图可见,随着秧盘偏移量水平的增加,落点偏移量呈先下降后上升的趋势。当凸轮转速为 -1 或 1 水平时的落点偏移量曲线重合。当凸轮转速为 0 水平时,相对落点偏移量较小。由图可知,当秧盘偏移量为 0 水平,凸轮转速为 0 水平时,落点偏移量的最小值为 9.08 mm。

图 10-20 所示为凸轮转速对落点偏移量的影响曲线。由图可见,当秧盘偏移量处于不同水平时,随凸轮转速水平的增加落点偏移量变化趋势相近,均为先缓慢下降再缓慢上升的趋势,但数值有一定差异。当秧盘偏移量为 0 水平时,相对落点偏移量较小。由图可知,当凸轮转速为 0 水平,秧盘偏移量为 0 水平时,落点偏移量的最小值为 9.08 mm。

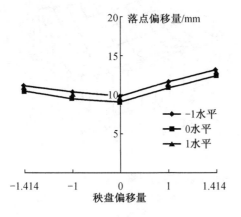

图 10-19　秧盘偏移量对落点偏移量的影响　　图 10-20　凸轮转速对落点偏移量的影响

c. 秧盘偏移量与凸轮转速的交互作用对落点偏移量的影响分析。

图 10-21 所示为秧盘偏移量与凸轮转速交互作用时对落点偏移量的影响。由图可见,当秧盘偏移量固定时,随着凸轮转速水平的增加,落点偏移量呈先下降再上升的趋势,但变化幅度非常小。当凸轮转速固定时,随着秧盘偏移量水平的增加,落点偏移量呈先下降后上升趋势,变化幅度也不大。由图可知,有效落点偏移量最小值出现在秧盘偏移量为 -0.5 水平,凸轮转速为 0 水平时。由各因素的贡献率和交互作用可知,对落点偏移量影响的大小顺序为秧盘偏移量 > 凸轮转速。

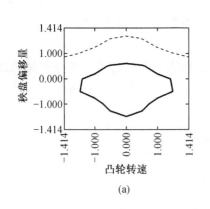

(a)

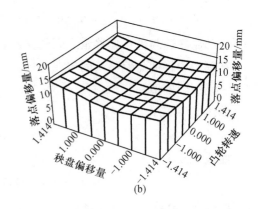

(b)

图 10-21　秧盘偏移量与凸轮转速对落点偏移量的影响

由于试验中损伤率和破碎率几乎为零,因此秧盘偏移量和凸轮转速对其的影响忽略不计。

(5)性能指标优化

根据播种装置的播种性能要求,分别以单粒率、空穴率、多粒率和落点偏移量为播种性能指标的回归方程作为目标函数,其他回归方程作为约束条件,设计优化模型如下。

①以单粒率为目标函数,得到优化模型为

max　$92.358\,75 - 2.369\,35x_1 - 1.667\,44x_2 - 1.835\,63x_1^2 - 11.990\,63x_2^2$

s. t.　$0 \leqslant 4.268\,75 + 2.148\,09x_1 + 1.023\,12x_1^2 + 7.023\,12x_2^2 \leqslant 10$

$0 \leqslant 3.373\,75 + 1.441\,24x_2 + 0.813\,12x_1^2 + 4.968\,12x_2^2 \leqslant 15$

$0 \leqslant 9.077\,50 + 0.702\,63x_1 + 1.228\,12x_1^2 + 0.670\,62x_2^2 \leqslant 15$

$-1.414 \leqslant x_1 \leqslant 1.414$

$-1.414 \leqslant x_2 \leqslant 1.414$

②以空穴率为目标函数,得到优化模型为

min　$4.268\,75 + 2.148\,09x_1 + 1.023\,12x_1^2 + 7.023\,12x_2^2$

s. t.　$80 \leqslant 92.358\,75 - 2.369\,35x_1 - 1.667\,44x_2 - 1.835\,63x_1^2 - 11.990\,63x_2^2 \leqslant 100$

$0 \leqslant 3.373\,75 + 1.441\,24x_2 + 0.813\,12x_1^2 + 4.968\,12x_2^2 \leqslant 15$

$0 \leqslant 9.077\,50 + 0.702\,63x_1 + 1.228\,12x_1^2 + 0.670\,62x_2^2 \leqslant 15$

$-1.414 \leqslant x_1 \leqslant 1.414$

$-1.414 \leqslant x_2 \leqslant 1.414$

③以多粒率为目标函数,得到优化模型为

min　$3.373\,75 + 1.441\,24x_2 + 0.813\,12x_1^2 + 4.968\,12x_2^2$

s. t.　$80 \leqslant 92.358\,75 - 2.369\,35x_1 - 1.667\,44x_2 - 1.835\,63x_1^2 - 11.990\,63x_2^2 \leqslant 100$

$0 \leqslant 4.268\,75 + 2.148\,09x_1 + 1.023\,12x_1^2 + 7.023\,12x_2^2 \leqslant 10$

$0 \leqslant 9.077\,50 + 0.702\,63x_1 + 1.228\,12x_1^2 + 0.670\,62x_2^2 \leqslant 15$

$-1.414 \leqslant x_1 \leqslant 1.414$

$-1.414 \leqslant x_2 \leqslant 1.414$

④以落点偏移量为目标函数,得到优化模型为

min　$9.077\,50 + 0.702\,63x_1 + 1.228\,12x_1^2 + 0.670\,62x_2^2$

s. t.　$80 \leqslant 92.358\,75 - 2.369\,35x_1 - 1.667\,44x_2 - 1.835\,63x_1^2 - 11.990\,63x_2^2 \leqslant 100$

$0 \leqslant 4.268\,75 + 2.148\,09x_1 + 1.023\,12x_1^2 + 7.023\,12x_2^2 \leqslant 10$

$0 \leqslant 3.373\,75 + 1.441\,24x_2 + 0.813\,12x_1^2 + 4.968\,12x_2^2 \leqslant 15$

$-1.414 \leqslant x_1 \leqslant 1.414$

$-1.414 \leqslant x_2 \leqslant 1.414$

优化求解后,得到不同目标函数下的最佳参数组合方案如表10-6所示。

表 10 - 6　不同目标函数的最佳参数组合方案

德美亚 1 号

目标函数	秧盘偏移量 x_1		凸轮转速 x_2	
	因素水平	实际值/mm	因素水平	实际值/(r·min^{-1})
单粒率	- 0.645 4	25.482 2	- 0.069 5	12.791 5
空穴率	- 1.049 8	22.639 1	0.000 0	13.000 0
多粒率	- 0.000 0	30.000 0	- 0.145 0	12.565 0
落点偏移量	- 0.286 1	27.997 3	0.000 0	13.000 0

表 10 - 6 表明不同性能指标作为目标函数时的最佳参数组合方案。由于性能指标中单粒率和空穴率尤为重要,因此综合考虑秧盘偏移量多数接近 - 0.5 水平,凸轮转速多数接近 0 水平。综合考虑后得出装置的优化参数组合方案为:秧盘偏移量取 - 0.5 水平,即 26.5 mm,凸轮转速取 0 水平,即 13 r/min。

（6）验证试验

根据参数优化组合方案结果进行验证试验。型孔板厚度为 6 mm、型孔直径为14 mm、秧盘偏移量为 26.5 mm,凸轮转速为 13 r/min,其他试验参数不变时进行试验,重复 5 次取平均值。试验结果为单粒率为 93.08%,空穴率为 3.41%,多粒率为 3.51%,落点偏移量 9.03 mm,损伤率为 0,破碎率为 0,满足精量播种技术要求。

2. 龙单 47

（1）试验方案及数据结果

多因素试验方案和试验数据如表 10 - 7 所示。

表 10 - 7　二次正交旋转组合设计试验方案及数据结果

试验序号	秧盘偏移量 /mm	凸轮转速 /(r·min^{-1})	单粒率 /%	空穴率 /%	多粒率 /%	落点偏移量 /mm	损伤率 /%	破碎率 /%
1	28	12	84.76	15.24	0.00	15.29	0.03	0.00
2	28	6	90.33	8.72	0.95	13.14	0.00	0.00
3	13	12	79.77	16.33	3.90	11.62	0.00	0.00
4	13	6	88.38	8.95	2.67	14.29	0.00	0.00
5	10	9	88.16	7.98	3.86	10.71	0.00	0.18
6	30	9	90.00	10.00	0.00	11.42	0.00	0.00
7	20	5	86.67	12.34	0.99	15.67	0.00	0.00
8	20	13	80.95	18.10	0.95	14.48	0.12	0.00
9	20	9	94.29	5.71	0.00	8.71	0.00	0.00
10	20	9	91.43	8.57	0.00	10.86	0.00	0.00
11	20	9	94.49	2.65	2.86	10.43	0.00	0.00

表 10 - 7（续）

试验序号	秧盘偏移量 /mm	凸轮转速 /(r·min⁻¹)	单粒率 /%	空穴率 /%	多粒率 /%	落点偏移量 /mm	损伤率 /%	破碎率 /%
12	20	9	88.57	11.43	0.00	11.43	0.00	0.08
13	20	9	90.71	9.29	0.00	9.86	0.00	0.00
14	20	9	97.14	2.86	0.00	11.14	0.00	0.00
15	20	9	94.29	5.71	0.00	8.14	0.00	0.00
16	20	9	97.14	2.86	0.00	9.86	0.00	0.00

（2）试验数据结果回归方程

根据正交旋转试验结果，采用 DPS 数据处理系统，对试验数据进行回归，求得各试验因素与性能指标之间关系的回归方程如下：

单粒率为

$$y = 93.507\ 50 + 1.193\ 36x_1 - 2.784\ 26x_2 - 2.372\ 80x_1^2 - 5.007\ 80x_2^2 + 0.761\ 19x_1x_2$$

空穴率为

$$y = 6.135\ 00 + 0.192\ 09x_1 + 2.755\ 73x_2 + 1.478\ 75x_1^2 + 4.593\ 75x_2^2 - 0.215\ 00x_1x_2$$

多粒率为

$$y = 0.357\ 50 - 1.385\ 45x_1 + 0.029\ 05x_2 + 0.894\ 24x_1^2 + 0.413\ 49x_2^2 - 0.546\ 19x_1x_2$$

落点偏移量为

$$y = 10.053\ 57 + 0.440\ 06x_1 - 0.275\ 92x_2 + 0.635\ 12x_1^2 + 2.637\ 50x_2^2 + 1.202\ 38x_1x_2$$

试验中损伤率和破碎率几乎为零，因素与损伤率和破碎率之间没有显著影响规律。

（3）回归方程显著性检验

回归方程显著性检验如表 10 - 8、表 10 - 9 所示，$F_1 < F_{0.05}$ 为不显著，方程拟合很好，$F_2 > F_{0.01}$ 为显著，方程有意义。

表 10 - 8 F_1 检验表

回归方程	F_1	比较条件	F 查表值	检验结果	说明
单粒率	0.280	<	$F_{0.05}(3,7) = 4.35$	不显著	方程拟合很好
空穴率	0.192	<	$F_{0.05}(3,7) = 4.35$	不显著	方程拟合很好
多粒率	0.127	<	$F_{0.05}(3,7) = 4.35$	不显著	方程拟合很好
落点偏移	0.246	<	$F_{0.05}(3,7) = 4.35$	不显著	方程拟合很好

表 10 - 9 F_2 检验表

回归方程	F_2	比较条件	F 查表值	检验结果	说明	贡献率
单粒率	8.816	>	$F_{0.01}(5,10) = 5.64$	显著	拟合很好	$\Delta_1 = 1.198\ 1, \Delta_2 = 1.846\ 1$
空穴率	5.874	>	$F_{0.01}(5,10) = 5.64$	显著	拟合很好	$\Delta_1 = 0.518\ 2, \Delta_2 = 1.811\ 3$
多粒率	6.444	>	$F_{0.01}(5,10) = 5.64$	显著	拟合很好	$\Delta_1 = 2.016\ 6, \Delta_2 = 0.631\ 9$
落点偏移量	12.882	>	$F_{0.01}(5,10) = 5.64$	显著	拟合很好	$\Delta_1 = 1.419\ 2, \Delta_2 = 1.391\ 7$

经 t 检验，当 $\alpha = 0.5$ 显著水平时剔除不显著项，其他回归系数都在不同程度上显著，因此，回归方程可简化如下：

单粒率为

$$y = 93.507\ 50 + 1.193\ 36x_1 - 2.784\ 26x_2 - 2.372\ 80x_1^2 - 5.007\ 80x_2^2$$

空穴率为

$$y = 6.135\ 00 + 2.755\ 73x_2 + 1.478\ 75x_1^2 + 4.593\ 75x_2^2$$

多粒率为

$$y = 0.357\ 50 - 1.385\ 45x_1 + 0.894\ 24x_1^2 + 0.413\ 49x_2^2 - 0.546\ 19x_1x_2$$

落点偏移量为

$$y = 10.053\ 57 + 0.440\ 06x_1 - 0.275\ 92x_2 + 0.635\ 12x_1^2 + 2.637\ 50x_2^2 + 1.202\ 38x_1x_2$$

(4)因素对性能指标的影响分析

根据玉米芽种精量播种装置播种试验结果，对性能指标进行单因素和双因素效应分析。

①单粒率。

a. 秧盘偏移量与单粒率之间的关系。

在模型中将凸轮转速固定在 $-1, 0, 1$ 水平上，可分别得到秧盘偏移量与单粒率之间的一元回归模型。

曲线 1 $(x_1, -1)$

$$y = 91.283\ 96 + 1.193\ 36x_1 - 2.372\ 80x_1^2$$

曲线 2 $(x_1, 0)$

$$y = 93.507\ 50 + 1.193\ 36x_1 - 2.372\ 80x_1^2$$

曲线 3 $(x_1, 1)$

$$y = 85.715\ 44 + 1.193\ 36x_1 - 2.372\ 80x_1^2$$

b. 凸轮转速与单粒率之间的关系。

在模型中将秧盘偏移量固定在 $-1, 0, 1$ 水平上，可分别得到凸轮转速与单粒率之间的一元回归模型。

曲线 1 $(-1, x_2)$

$$y = 89.941\ 84 - 2.784\ 26x_2 - 5.007\ 80x_2^2$$

曲线 2 $(0, x_2)$

$$y = 93.507\ 50 - 2.784\ 26x_2 - 5.007\ 80x_2^2$$

曲线 $3(1, x_2)$

$$y = 92.328\ 06 - 2.784\ 26x_2 - 5.007\ 80x_2^2$$

图 10-22 所示为秧盘偏移量对性能指标单粒率的影响曲线。由图可见,不论凸轮转速取何水平,随着秧盘偏移量的逐渐增加,单粒率呈先缓慢上升后缓慢下降的趋势。当凸轮转速取 0 水平时,单粒率值较大。当秧盘偏移量取 0 水平,同时凸轮转速取 0 水平时,单粒率达到最大值为 93.51%;当秧盘偏移量取 -1.414 水平,凸轮转速取 1 水平时,单粒率达到最小值为 79.28%。

图 10-23 所示为凸轮转速对性能指标单粒率的影响曲线图。由图可见,随着凸轮转速的逐渐增加,单粒率呈先上升后下降的趋势。当秧盘偏移量取 0 水平时,单粒率值较大;当秧盘偏移量取 0 水平,凸轮转速为 -1 水平时,单粒率值较大。凸轮转速取 0 水平,同时秧盘偏移量取 0 水平时,单粒率达到最大值为 93.51%;当秧盘偏移量取 -1 水平,凸轮转速取 1.414 水平时,单粒率达到最小值为 75.99%。

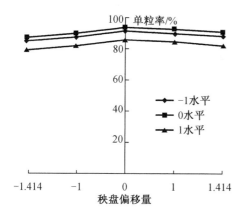

图 10-22 秧盘偏移量对单粒率的影响

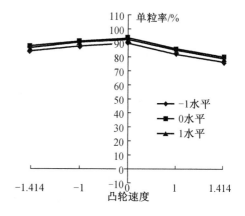

图 10-23 凸轮转速对单粒率的影响

c. 秧盘偏移量与凸轮转速的交互作用对单粒率的影响分析。

图 10-24 所示为秧盘偏移量与凸轮转速交互作用时对单粒率的影响。由图可见,当秧盘偏移量固定时,随着凸轮转速水平的增加,单粒率呈先上升后下降的趋势;当凸轮转速固定时,随着秧盘偏移量水平的增加,单粒率呈先上升后下降的趋势。总体来看,变化幅度均不大。由图可知,单粒率最大值出现在秧盘偏移量 0 水平,凸轮转速 -0.5 水平时。由各因素的贡献率和交互作用可知,对单粒率影响的大小顺序为凸轮转速 > 秧盘偏移量。

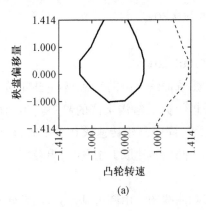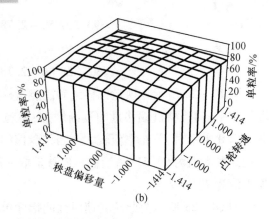

图 10 -24 秧盘偏移量与凸轮转速对单粒率的影响

②空穴率。

a. 秧盘偏移量与空率之间的关系。

在模型中将凸轮转速固定在 -1,0,1 水平上,可分别得到秧盘偏移量与空穴率之间的一元回归模型。

曲线 $1(x_1, -1)$

$$y = 6.135\ 00 + 1.478\ 75x_1^2$$

曲线 $2(x_1, 0)$

$$y = 6.135\ 00 + 1.478\ 75x_1^2$$

曲线 $3(x_1, 1)$

$$y = 13.484\ 48 + 1.478\ 75x_1^2$$

b. 凸轮转速与空穴率之间的关系。

在模型中将秧盘偏移量固定在 -1,0,1 水平上,可分别得到凸轮转速与空穴率之间的一元回归模型。

曲线 $1(-1, x_2)$

$$y = 7.613\ 75 + 2.755\ 73x_2 + 4.593\ 75x_2^2$$

曲线 $2(0, x_2)$

$$y = 6.135\ 00 + 2.755\ 73x_2 + 4.593\ 75x_2^2$$

曲线 $3(1, x_2)$

$$y = 7.613\ 75 + 2.755\ 73x_2 + 4.593\ 75x_2^2$$

图 10 -25 所示为秧盘偏移量对性能指标空穴率的影响。由图可见,不论凸轮转速取何水平,随着秧盘偏移量的逐渐增加,空穴率呈先下降后上升的趋势。当凸轮转速取 0 水平时,空穴率值较小。当秧盘偏移量取 0 水平,同时凸轮转速取 0 水平时,空穴率达到最小值为 6.14% ;当秧盘偏移量取 -1.414 或 1.414 水平,凸轮转速取 1 水平时,空穴率达到最大值为 16.44% 。

图 10 -26 所示为凸轮转速对性能指标空穴率的影响曲线图。由图可见,随着凸轮转速的逐渐增加,空穴率呈先下降后快速上升的趋势。但当秧盘偏移量取 -1 和 1 水平时,空穴

率曲线重合。当秧盘偏移量取 0 水平时,空穴率值较小。凸轮转速取 0 水平,同时秧盘偏移量取 0 水平时,空穴率达到最小值为 6.14% ;当秧盘偏移量取 −1 和 1 水平,凸轮转速取 1.414 水平时,空穴率达到最大值为 20.70% 。

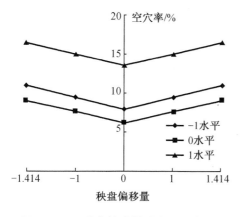

图 10 − 25　秧盘偏移量对空穴率的影响

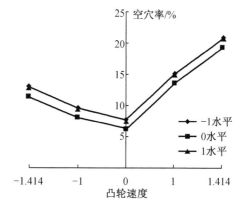

图 10 − 26　凸轮转速对空穴率的影响

c. 秧盘偏移量与凸轮转速的交互作用对空穴率的影响分析。

图 10 − 27 所示为秧盘偏移量与凸轮转速交互作用时对空穴率的影响。由图可见,当秧盘偏移量固定时,随着凸轮转速水平的增加,空穴率呈先下降后上升的趋势;当凸轮转速固定时,随着秧盘偏移量水平的增加,空穴率呈先缓慢下降后缓慢上升的趋势。由图可知,空穴率最小值出现在秧盘偏移量 0 水平,凸轮转速 −0.5 水平时。由各因素的贡献率和交互作用可知,对空穴率影响的大小顺序为凸轮转速 > 秧盘偏移量。

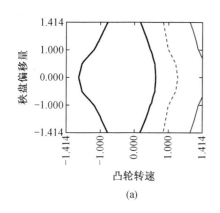

(a)

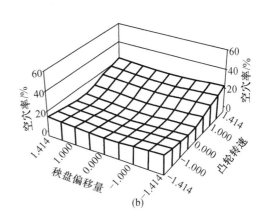

(b)

图 10 − 27　秧盘偏移量与凸轮转速对空穴率的影响

③多粒率。

a. 秧盘偏移量与多粒率之间的关系。

在模型中将凸轮转速固定在 −1,0,1 水平上,可分别得到秧盘偏移量与多粒率之间的一元回归模型。

曲线 $1(x_1, -1)$

$$y = 0.770\,99 - 0.839\,26x_1 + 0.894\,24x_1{}^2$$

曲线 2（x_1,0）

$$y = 0.770\,99 - 1.931\,64x_1 + 0.894\,24x_1{}^2$$

曲线 3（x_1,1）

$$y = 0.770\,99 - 1.931\,64x_1 + 0.894\,24x_1{}^2$$

b. 凸轮转速与多粒率之间的关系。

在模型中将秧盘偏移量固定在 -1,0,1 水平上,可分别得到凸轮转速与多粒率之间的一元回归模型。

曲线 1（-1,x_2）

$$y = 0.357\,50 + 0.413\,49x_2{}^2$$

曲线 2（0,x_2）

$$y = 0.357\,50 + 0.413\,49x_2{}^2$$

曲线 3（1,x_2）

$$y = -133\,71 + 0.413\,49x_2{}^2 - 0.546\,19x_2$$

图 10 - 28 所示为秧盘偏移量对多粒率的影响曲线。由图可见,随着秧盘偏移量水平的增加,多粒率呈先快速下降后有缓慢上升趋势。总体来看,当凸轮转速为 0 水平时,多粒率值较小。由图可知,当秧盘偏移量取 1.414 水平,同时凸轮转速取 0 水平时,多粒率达到有效最小值为 0.19%;当秧盘偏移量取 -1.414 水平,凸轮转速取 1 水平时,多粒率达到最大值为 5.29%。

图 10 - 29 所示为凸轮转速对多粒率的影响曲线。由图可见,当秧盘偏移量为 0 或 1 水平时,随凸轮转速水平的增加,多粒率均为先下降后上升的趋势,但变化幅度不同;当秧盘偏移量为 -1 水平时,随凸轮转速水平的增加,多粒率呈为先略有下降后缓慢上升的趋势。由图可知,当秧盘偏移量取 0 水平,同时凸轮转速取 0 水平时,多粒率达到有效最小值为 0.364%;当秧盘偏移量取 -1 水平,凸轮转速取 1.414 水平时,多粒率达到最大值为 4.24%。

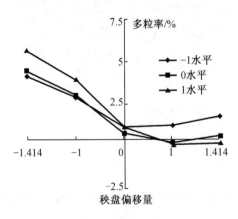

图 10 - 28　秧盘偏移量对多粒率的影响

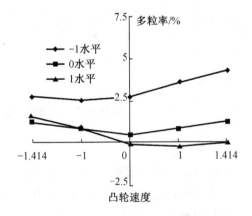

图 10 - 29　凸轮转速对多粒率的影响

c.秧盘偏移量与凸轮转速的交互作用对多粒率的影响分析。

图10-30所示为秧盘偏移量与凸轮转速交互作用时对多粒率的影响。由图可见,当秧盘偏移量处于较低水平并固定时,随着凸轮转速水平的增加,多粒率呈上升趋势,但变化缓慢;当秧盘偏移量处于较高水平并固定时,随着凸轮转速水平的增加,多粒率呈下降趋势,仍变化缓慢。当凸轮转速固定时,随着秧盘偏移量水平增加的多粒率呈先下降后略有上升的趋势。由图可知,有效多粒率最小值出现在秧盘偏移量为0.5水平,凸轮转速为-0.5水平时。由各因素的贡献率和交互作用可知,对多粒率影响的大小顺序为秧盘偏移量>凸轮转速。

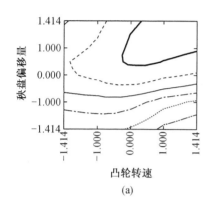 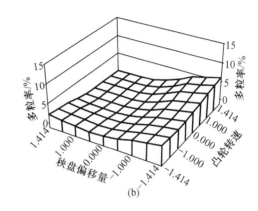

图10-30　秧盘偏移量与凸轮转速对多粒率的影响

④落点偏移量。

a.秧盘偏移量与落点偏移量之间的关系。

在模型中将凸轮转速固定在-1,0,1水平上,可分别得到秧盘偏移量与落点偏移量之间的一元回归模型。

曲线$1(x_1,-1)$

$$y = 12.949\ 12 - 0.762\ 32x_1 + 0.635\ 12x_1^2$$

曲线$2(x_1,0)$

$$y = 10.053\ 57 + 0.440\ 06x_1 + 0.635\ 12x_1^2$$

曲线$3(x_1,1)$

$$y = 12.415\ 15 + 1.643\ 04x_1 + 0.635\ 12x_1^2$$

b.凸轮转速与落点偏移量之间的关系。

在模型中将秧盘偏移量固定在-1,0,1水平上,可分别得到凸轮转速与落点偏移量之间的一元回归模型。

曲线$1(-1,x_2)$

$$y = 10.248\ 63 - 0.926\ 46x_2 + 2.637\ 50x_2^2$$

曲线$2(0,x_2)$

$$y = 10.053\ 57 - 0.275\ 92x_2 + 2.637\ 50x_2^2$$

曲线3(1,x_2)

$$y = 11.128\,75 + 0.926\,46x_2 + 2.637\,50x_2^2$$

图10-31所示为秧盘偏移量对落点偏移量的影响曲线。由图可见,当凸轮转速为0或-1水平时,随着秧盘偏移量水平的增加,落点偏移量呈先有小幅度的下降趋势然后缓慢上升的趋势,但变化幅度不同;当凸轮转速为1水平时,随着秧盘偏移量水平的增加,落点偏移量呈上升趋势。当凸轮转速为0水平时,落点偏移量较小。由图可知,当秧盘偏移量为0水平,凸轮转速为0水平时,落点偏移量最小为10.05 mm。

图10-32所示为凸轮转速对落点偏移量的影响曲线。由图可见,当秧盘偏移量处于不同水平时,随凸轮转速水平的增加落点偏移量变化趋势相近,均为先下降再上升,但数值有差异。由图可知,当凸轮转速为0水平,秧盘偏移量为0水平时,落点偏移量的最小值为10.05 mm。

c.秧盘偏移量与凸轮转速的交互作用对落点偏移量的影响分析。

图10-33所示为秧盘偏移量与凸轮转速交互作用时对落点偏移量的影响。

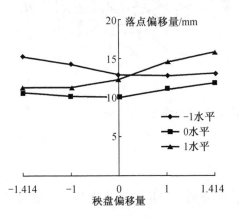

图10-31 秧盘偏移量对落点偏移量的影响

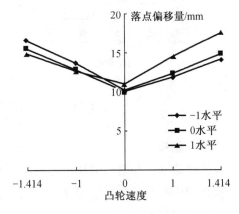

图10-32 凸轮转速对落点偏移量的影响

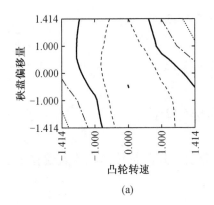

(a)

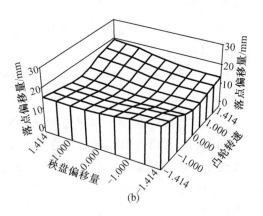

(b)

图10-33 秧盘偏移量与凸轮转速对落点偏移量的影响

由图可见,当秧盘偏移量固定时,随着凸轮转速水平的增加,落点偏移量呈先下降再上升的趋势。当凸轮转速处于较低水平并固定时,随着秧盘偏移量水平的增加,落点偏移量呈缓慢下降趋势;当凸轮转速处于较高水平并固定时,随着秧盘偏移量水平的增加,落点偏移量呈缓慢上升趋势。由图可知,落点偏移量最小值出现在秧盘偏移量为 -0.5 水平,凸轮转速为 0 水平时。由各因素的贡献率和交互作用可知,对落点偏移量影响的大小顺序为秧盘偏移量 > 凸轮转速。

由于试验中损伤率和破碎率几乎为零,因此秧盘偏移量和凸轮转速对其的影响忽略不计。

(5)性能指标优化

根据精量播种装置的性能要求,分别以单粒率、空穴率、多粒率和落点偏移量为播种性能指标的回归方程作为目标函数,其他回归方程作为约束条件,设计优化模型如下。

①单粒率为目标函数,得到优化模型为

$$\max \quad 93.507\,50 + 1.193\,36x_1 - 2.784\,26x_2 - 2.372\,80x_1^2 - 5.007\,80x_2^2$$

$$\text{s. t.} \quad 0 \leqslant 6.135\,00 + 2.755\,73x_2 + 1.478\,75x_1^2 + 4.593\,75x_2^2 \leqslant 10$$

$$0 \leqslant 0.357\,50 - 1.385\,45x_1 + 0.894\,24x_1^2 + 0.413\,49x_2^2 - 0.546\,19x_1x_2 \leqslant 15$$

$$0 \leqslant 10.053\,57 + 0.440\,06x_1 - 0.275\,92x_2 + 0.635\,12x_1^2 + 2.637\,50x_2^2 + 1.202\,38x_1x_2 \leqslant 15$$

$$-1.414 \leqslant x_1 \leqslant 1.414$$

$$-1.414 \leqslant x_2 \leqslant 1.414$$

②以空穴率为目标函数,得到优化模型为

$$\min \quad 6.135\,00 + 2.755\,73x_2 + 1.478\,75x_1^2 + 4.593\,75x_2^2$$

$$\text{s. t.} \quad 80 \leqslant 93.507\,50 + 1.193\,36x_1 - 2.784\,26x_2 - 2.372\,80x_1^2 - 5.007\,80x_2^2 \leqslant 100$$

$$0 \leqslant 0.357\,50 - 1.385\,45x_1 + 0.894\,24x_1^2 + 0.413\,49x_2^2 - 0.546\,19x_1x_2 \leqslant 15$$

$$0 \leqslant 10.053\,57 + 0.440\,06x_1 - 0.275\,92x_2 + 0.635\,12x_1^2 + 2.637\,50x_2^2 + 1.202\,38x_1x_2 \leqslant 15$$

$$-1.414 \leqslant x_1 \leqslant 1.414$$

$$-1.414 \leqslant x_2 \leqslant 1.414$$

③以多粒率为目标函数,得到优化模型为

$$\min \quad 0.357\,50 - 1.385\,45x_1 + 0.894\,24x_1^2 + 0.413\,49x_2^2 - 0.546\,19x_1x_2$$

$$\text{s. t.} \quad 80 \leqslant 93.507\,50 + 1.193\,36x_1 - 2.784\,26x_2 - 2.372\,80x_1^2 - 5.007\,80x_2^2 \leqslant 100$$

$$0 \leqslant 6.135\,00 + 2.755\,73x_2 + 1.478\,75x_1^2 + 4.593\,75x_2^2 \leqslant 10$$

$$0 \leqslant 10.053\,57 + 0.440\,06x_1 - 0.275\,92x_2 + 0.635\,12x_1^2 + 2.637\,50x_2^2 + 1.202\,38x_1x_2 \leqslant 15$$

$$-1.414 \leqslant x_1 \leqslant 1.414$$

$$-1.414 \leqslant x_2 \leqslant 1.414$$

④以落点偏移量为目标函数,得到优化模型为

$$\min \quad 10.053\,57 + 0.440\,06x_1 - 0.275\,92x_2 + 0.635\,12x_1^2 + 2.637\,50x_2^2 + 1.202\,38x_1x_2$$

$$\text{s. t.} \quad 80 \leqslant 93.507\,50 + 1.193\,36x_1 - 2.784\,26x_2 - 2.372\,80x_1^2 - 5.007\,80x_2^2 \leqslant 100$$

$$0 \leqslant 6.135\,00 + 2.755\,73x_2 + 1.478\,75x_1^2 + 4.593\,75x_2^2 \leqslant 10$$

$$0 \leqslant 0.357\,50 - 1.385\,45x_1 + 0.894\,24x_1^2 + 0.413\,49x_2^2 - 0.546\,19x_1x_2 \leqslant 15$$

$$-1.414 \leqslant x_1 \leqslant 1.414$$

$$-1.414 \leqslant x_2 \leqslant 1.414$$

优化求解后,得到不同目标函数下的最佳参数组合方案如表 10 - 10 所示。

表 10 - 10　不同目标函数的最佳参数组合方案

	龙单 47			
目标函数	秧盘偏移量 x_1		凸轮转速 x_2	
	因素水平	实际值/mm	因素水平	实际值/($r \cdot min^{-1}$)
单粒率	0.251 5	21.760 5	-0.278 0	8.166 0
空穴率	0.000 0	20.000 0	-0.299 9	8.100 3
多粒率	0.626 7	24.386 9	-0.117 9	8.646 3
落点偏移量	-0.504 9	16.467 8	0.167 4	9.502 2

表 10 - 10 表明了不同性能指标作为目标函数时的最佳参数组合方案。由于性能指标中单粒率和空穴率尤为重要,因此综合考虑秧盘偏移量多数接近 0 水平,凸轮转速多数接近 0 水平。综合考虑后得出装置的优化参数组合方案为:秧盘偏移量取 0 水平,即 20 mm,凸轮转速取 0 水平,即 9 r/min。

(6)验证试验

根据参数优化组合方案结果进行验证试验。当型孔板厚度为 6 mm、型孔直径为 14 mm,秧盘偏移量为 20 mm,凸轮转速为 9 r/min,而其他试验参数不变时进行试验,重复 5 次取平均值。试验结果为单粒率为 93.51%,空穴率为 6.07%,多粒率为 0.36%,落点偏移量为 10.12 mm,损伤率为 0,破碎率为 0.06%,满足精量播种技术要求。

3. 先玉 335

(1)试验方案及数据结果

多因素试验方案和试验数据如表 10 - 11 所示。

表 10 - 11　二次正交旋转组合设计试验方案及数据结果

试验序号	秧盘偏移量 /mm	凸轮转速 /($r \cdot min^{-1}$)	单粒率 /%	空穴率 /%	多粒率 /%	落点偏移量 /mm	损伤率 /%	破碎率 /%
1	37	14	68.71	16.57	14.72	14.33	0.00	0.00
2	37	8	79.19	13.14	7.67	12.67	0.00	0.75
3	23	14	81.10	6.71	12.19	11.95	0.00	0.00
4	23	8	80.43	8.48	11.09	13.96	0.00	0.43
5	20	11	83.00	6.67	10.33	13.15	0.00	0.00
6	40	11	83.95	7.14	8.91	13.07	0.00	0.00
7	30	7	74.00	18.14	7.86	11.38	0.00	0.00
8	30	15	71.24	19.67	9.09	12.57	0.47	0.24

表 10-11(续)

试验序号	秧盘偏移量 /mm	凸轮转速 /(r·min⁻¹)	单粒率 /%	空穴率 /%	多粒率 /%	落点偏移量 /mm	损伤率 /%	破碎率 /%
9	30	11	91.08	3.21	3.71	9.86	0.00	0.00
10	30	11	91.36	8.43	0.21	11.29	0.24	0.29
11	30	11	90.22	9.21	0.57	11.50	0.00	0.00
12	30	11	92.86	4.86	2.28	11.57	0.00	0.00
13	30	11	87.65	10.78	1.57	11.43	0.00	0.00
14	30	11	90.86	5.86	0.28	10.71	0.00	0.06
15	30	11	89.56	8.71	1.73	11.86	0.00	0.00
16	30	11	92.48	5.86	1.66	11.54	0.00	0.25

(2)试验数据结果回归方程

根据正交旋转试验结果,采用 DPS 数据处理系统,对试验数据进行回归,得各试验因素与性能指标之间关系的回归方程如下:

单粒率为

$$y = 90.75875 - 1.53581x_1 - 1.71415x_2 - 3.81438x_1^2 - 9.24188x_2^2 - 2.78750x_1x_2$$

空穴率为

$$y = 7.11500 + 1.89809x_1 + 0.47797x_2 - 0.52500x_1^2 + 5.47500x_2^2 + 1.30000x_1x_2$$

多粒率为

$$y = 1.50125 - 0.36227x_1 + 1.23619x_2 + 4.65187x_1^2 + 4.07937x_2^2 + 1.48750x_1x_2$$

落点偏移量为

$$y = 11.21976 + 0.12103x_1 + 0.16783x_2 + 1.11720x_1^2 + 0.54919x_2^2 + 0.91857x_1x_2$$

试验中损伤率和破碎率几乎为零,因素与损伤率和破碎率之间没有显著影响规律。

(3)回归方程显著性检验

回归方程显著性检验如表 10-12 和表 10-13 所示,$F_1 < F_{0.05}$ 为不显著,方程拟合很好,$F_2 > F_{0.01}$ 为显著,方程有意义。

表 10-12　F_1 检验表

回归方程	F_1	比较条件	F 查表值	检验结果	说明
单粒率	4.042	<	$F_{0.05}(3,7) = 4.35$	不显著	方程拟合很好
空穴率	1.519	<	$F_{0.05}(3,7) = 4.35$	不显著	方程拟合很好
多粒率	4.020	<	$F_{0.05}(3,7) = 4.35$	不显著	方程拟合很好
落点偏移	1.335	<	$F_{0.05}(3,7) = 4.35$	不显著	方程拟合很好

表 10 – 13　F_2 检验表

回归方程	F_2	比较条件	F 查表值	检验结果	说明	贡献率
单粒率	33.210	>	$F_{0.01}(5,10)=5.64$	显著	拟合很好	$\Delta_1=2.0916,\Delta_2=2.1840$
空穴率	7.426	>	$F_{0.01}(5,10)=5.64$	显著	拟合很好	$\Delta_1=0.7389,\Delta_2=0.9686$
多粒率	25.143	>	$F_{0.01}(5,10)=5.64$	显著	拟合很好	$\Delta_1=1.3374,\Delta_2=2.1192$
落点偏移量	7.198	>	$F_{0.01}(5,10)=5.64$	显著	拟合很好	$\Delta_1=1.3888,\Delta_2=1.2481$

经 t 检验,当 $\alpha=0.5$ 显著水平剔除不显著项,其他回归系数都在不同程度上显著,因此,回归方程简化为

单粒率为

$$y=90.75875-1.53581x_1-1.71415x_2-3.81438x_1^2-9.24188x_2^2-2.78750x_1x_2$$

空穴率为

$$y=7.11500+1.89809x_1+5.47500x_2^2+1.30000x_1x_2$$

多粒率为

$$y=1.50125+1.23619x_2+4.65187x_1^2+4.07937x_2^2+1.48750x_1x_2$$

落点偏移量为

$$y=11.21976+0.16783x_2+1.11720x_1^2+0.54919x_2^2+0.91857x_1x_2$$

(4)因素对性能指标的影响分析

根据玉米芽种精量播种装置播种试验结果,对性能指标进行单因素和双因素效应分析。

①单粒率。

a. 秧盘偏移量与单粒率之间的关系。

在模型中将凸轮转速固定在 $-1,0,1$ 水平上,可分别得到秧盘偏移量与单粒率之间的一元回归模型。

曲线 $1(x_1,-1)$

$$y=83.23102+1.25169x_1-3.81438x_1^2$$

曲线 $2(x_1,0)$

$$y=90.75875-1.53581x_1-3.81438x_1^2$$

曲线 $3(x_1,1)$

$$y=79.80272-4.32331x_1-3.81438x_1^2$$

b. 凸轮转速与单粒率之间的关系。

在模型中将秧盘偏移量固定在 $-1,0,1$ 水平上,可分别得到凸轮转速与单粒率之间的一元回归模型。

曲线 $1(-1,x_2)$

$$y=88.48018+1.07335x_2-9.24188x_2^2$$

曲线 $2(0,x_2)$

$$y=90.75875-1.71415x_2-9.24188x_2^2$$

曲线 $3(1,x_2)$

$$y = 85.408\ 56 - 4.501\ 65x_2 - 9.241\ 88x_2^2$$

图 10 - 34 所示为秧盘偏移量对性能指标单粒率的影响曲线。由图可见,不论凸轮转速取何水平,随着秧盘偏移量的逐渐增加,单粒率呈先上升后下降的趋势,变化幅度略有不同。当凸轮转速取 0 水平时,单粒率值较大。当秧盘偏移量取 0 水平,同时凸轮转速取 0 水平时,单粒率达到最大值为 90.76%;当秧盘偏移量取 1.414 水平,凸轮转速取 1 水平时,单粒率达到最小值为 66.06%。

图 10 - 35 所示为凸轮转速对性能指标单粒率的影响曲线。由图可见,随着凸轮转速的逐渐增加,单粒率呈先上升后下降的趋势,但当秧盘偏移量取不同水平时,趋势有略有不同。当秧盘偏移量取 0 水平时,单粒率值较大。当凸轮转速取 0 水平,同时秧盘偏移量取 -1 水平时,单粒率达到最大值为 90.76%;当秧盘偏移量取 1 水平,凸轮转速取 1.414 水平时,单粒率达到最小值为 60.57%。

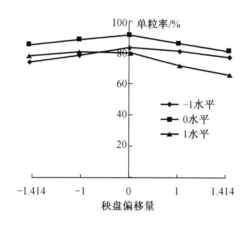 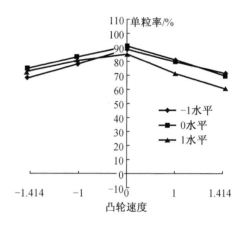

图 10 - 34 秧盘偏移量对单粒率的影响　　　图 10 - 35 凸轮转速对单粒率的影响

c. 秧盘偏移量与凸轮转速的交互作用对单粒率的影响分析。

图 10 - 36 所示为秧盘偏移量与凸轮转速交互作用时对单粒率的影响。由图可见,当秧盘偏移量固定时,随着凸轮转速水平的增加,单粒率呈先上升后下降的趋势。当凸轮转速固定时,随着秧盘偏移量水平的增加,单粒率仍先上升然后下降的趋势。由图可知单粒率最大值出现在秧盘偏移量 0 水平,凸轮转速 0 水平时。由各因素的贡献率和交互作用可知,对单粒率影响的大小顺序为凸轮转速 > 秧盘偏移量。

②空穴率。

a. 秧盘偏移量与空率之间的关系。

在模型中将凸轮转速固定在 -1,0,1 水平上,可分别得到秧盘偏移量与空穴率之间的一元回归模型。

曲线 $1(x_1,-1)$

$$y = 18.065 + 0.598\ 09x_1$$

曲线 $2(x_1,0)$

$$y = 7.115\ 00 + 1.898\ 09x_1$$

曲线 $3(x_1, 1)$

$$y = 12.59 + 3.198\ 09x_1$$

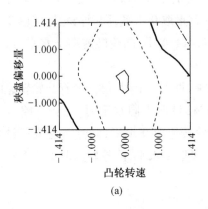

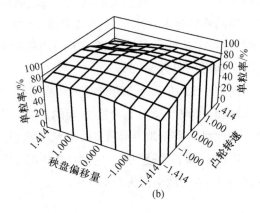

(a)   (b)

图 10 - 36　秧盘偏移量与凸轮转速对单粒率的影响

b. 凸轮转速与空穴率之间的关系。

在模型中将秧盘偏移量固定在 $-1, 0, 1$ 水平上，可分别得到凸轮转速与空穴率之间的一元回归模型。

曲线 $1(-1, x_2)$

$$y = 5.216\ 91 + 5.475\ 00x_2^2 - 1.300\ 00x_2$$

曲线 $2(0, x_2)$

$$y = 7.115\ 00 + 5.475\ 00x_2^2$$

曲线 $3(1, x_2)$

$$y = 9.013\ 09 + 5.475\ 00x_2^2 + 1.300\ 00x_2$$

图 10 - 37 所示为秧盘偏移量对性能指标空穴率的影响曲线图。由图可见，不论凸轮转速取何水平，随着秧盘偏移量的逐渐增加，空穴率均呈先上升趋势，但变化幅度差异很大。当凸轮转速为 -1 水平时，空穴率变化最平缓；当凸轮转速为 1 水平时，空穴率变化幅度最大。当凸轮转速取 0 水平时，空穴率值较小。当秧盘偏移量取 -1.414 水平，同时凸轮转速取 0 水平时，空穴率达到最小值为 4.43% ；当秧盘偏移量取 1.414 水平，凸轮转速取 -1 水平时，空穴率达到最大值为 18.91% 。

图 10 - 38 所示为凸轮转速对性能指标空穴率的影响曲线图。由图可见，随着凸轮转速的逐渐增加，空穴率呈先下降后上升的趋势，但当秧盘偏移量取不同水平时，趋势有显著不同。当秧盘偏移量取 -1 水平时，空穴率值较小。当凸轮转速取 0 水平，同时秧盘偏移量取 -1 水平时，空穴率达到最小值为 5.22% ；当秧盘偏移量取 1 水平，凸轮转速取 1.414 水平时，空穴率达到最大值为 21.80% 。

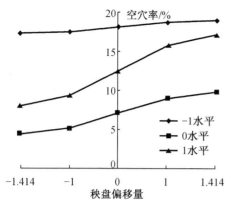

图 10-37 秧盘偏移量对空穴率的影响

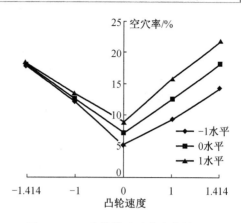

图 10-38 凸轮转速对空穴率的影响

c.秧盘偏移量与凸轮转速的交互作用对空穴率的影响分析。

图 10-39 所示为秧盘偏移量与凸轮转速交互作用时对空穴率影响的等高线图和曲面图。由图可见,当秧盘偏移量固定时,随着凸轮转速的增加,空穴率呈先下降后上升的趋势。当凸轮转速固定时,随着秧盘偏移量的增加,空穴率呈缓慢上升的趋势。由图可知空穴率最大值出现在秧盘偏移量 -1.414 水平,凸轮转速 0 水平时。由各因素的贡献率和交互作用可知,对空穴率影响的大小顺序为凸轮转速 > 秧盘偏移量。

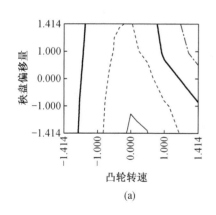

(a)

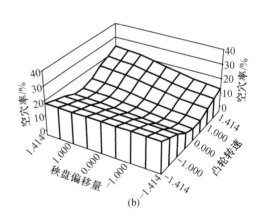

(b)

图 10-39 秧盘偏移量与凸轮转速对空穴率的影响

③多粒率。

a.秧盘偏移量与多粒率之间的关系。

在模型中将凸轮转速固定在 -1,0,1 水平上,可分别得到秧盘偏移量与多粒率之间的一元回归模型。

曲线 $1(x_1, -1)$

$$y = 4.344\ 43 + 4.651\ 87x_1^2 - 1.487\ 50x_1$$

曲线 $2(x_1, 0)$

$$y = 1.501\ 25 + 4.651\ 87x_1^2$$

曲线 $3(x_1, 1)$

$$y = 6.816\ 81 + 4.651\ 87x_1^{\ 2} + 1.487\ 50x_1$$

b. 凸轮转速与多粒率之间的关系。

在模型中将秧盘偏移量固定在 $-1, 0, 1$ 水平上,可分别得到凸轮转速与多粒率之间的一元回归模型。

曲线 $1(-1, x_2)$

$$y = 4.665\ 62 - 0.251\ 31x_2 + 4.079\ 37x_2^{\ 2}$$

曲线 $2(0, x_2)$

$$y = 1.501\ 25 + 1.236\ 19x_2 + 4.079\ 37x_2^{\ 2}$$

曲线 $3(1, x_2)$

$$y = 6.153\ 12 + 2.723\ 69x_2 + 4.079\ 37x_2^{\ 2}$$

图 10 - 40 所示为秧盘偏移量对多粒率的影响曲线。由图可见,随着秧盘偏移量水平的增加,多粒率呈先下降趋势后上升的趋势,变化幅度略很大。当凸轮转速为 0 水平时,多粒率值较小。由图可知,当秧盘偏移量为 0 水平,凸轮转速为 0 水平时,多粒率的最小值为 1.50%。

图 10 - 41 所示为凸轮转速对多粒率的影响曲线。由图可见,当秧盘偏移量处于不同水平时,随凸轮转速水平的增加多粒率的变化趋势与图 10 - 29 相近,均为先下降再上升的趋势。由图可知,当凸轮转速为 0 水平,秧盘偏移量为 0 水平时,多粒率的最小值为 1.50%。

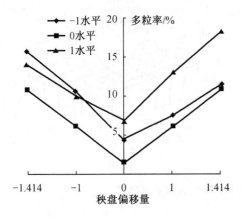

图 10 - 40　秧盘偏移量对多粒率的影响

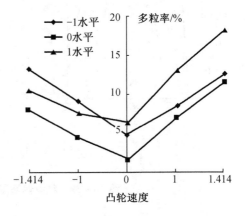

图 10 - 41　凸轮转速对多粒率的影响

c. 秧盘偏移量与凸轮转速的交互作用对多粒率的影响分析。

图 10 - 42 所示为秧盘偏移量与凸轮转速交互作用时对多粒率的影响。由图可见,当秧盘偏移量固定时,随着凸轮转速水平的增加,多粒率呈先下降再上升的趋势。当凸轮转速固定时,随着秧盘偏移量水平的增加,多粒率仍呈先下降后上升趋势。由图可知,多粒率最小值出现在秧盘偏移量为 0 水平,凸轮转速为 0 水平时。由各因素的贡献率和交互作用可知,对多粒率影响的大小顺序为凸轮转速 > 秧盘偏移量。

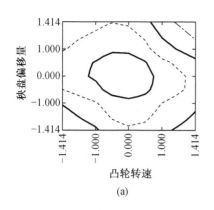 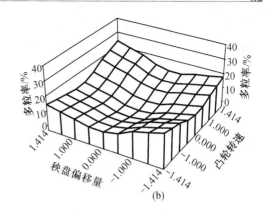

图 10 - 42 秧盘偏移量与凸轮转速对多粒率的影响

④落点偏移量。

a. 秧盘偏移量与落点偏移量之间的关系。

在模型中将凸轮转速固定在 -1,0,1 水平上,可分别得到秧盘偏移量与落点偏移量之间的一元回归模型。

曲线 1(x_1, -1)

$$y = 11.601\,12 + 1.117\,20x_1^2 - 0.918\,57x_1$$

曲线 2(x_1,0)

$$y = 11.219\,76 + 1.117\,20x_1^2$$

曲线 3(x_1,1)

$$y = 11.936\,78 + 1.117\,20x_1^2 + 0.918\,57x_1$$

b. 凸轮转速与落点偏移量之间的关系。

在模型中将秧盘偏移量固定在 -1,0,1 水平上,可分别得到凸轮转速与落点偏移量之间的一元回归模型。

曲线 1(-1,x_2)

$$y = 12.336\,96 - 0.750\,74x_2 + 0.549\,19x_2^2$$

曲线 2(0,x_2)

$$y = 11.219\,76 + 0.167\,83x_2 + 0.549\,19x_2^2$$

曲线 3(1,x_2)

$$y = 12.336\,96 + 1.086\,4x_2 + 0.549\,19x_2^2$$

图 10 - 43 所示为秧盘偏移量对多粒率的影响曲线。由图可见,随着秧盘偏移量水平的增加,多粒率均呈先有下降后上升的趋势,但变化幅度略有不同。总体来看,当凸轮转速为 0 水平时,多粒率变化平缓数值相对较小。由图可知,当秧盘偏移量为 0 水平,凸轮转速为 0 水平时,最小值为 11.22% 。

图 10 - 44 所示为凸轮转速对多粒率的影响曲线。由图可见,当秧盘偏移量处于不同水平时,随凸轮转速水平的增加,多粒率变化趋势差异较大。当秧盘偏移量为 -1 或 0 水平时,随凸轮转速水平的增加,落点偏移量呈先下降后上升的趋势,变化平缓;当秧盘偏移量

173

为 1 水平时,随凸轮转速水平的增加,落点偏移量呈缓慢上升的趋势。由图可知,当凸轮转速为 0 水平,秧盘偏移量为 0 水平时,最小值为 11.22%。

c. 秧盘偏移量与凸轮转速的交互作用对落点偏移量的影响分析。

图 10 - 45 所示为秧盘偏移量与凸轮转速交互作用时对落点偏移量的影响。由图可见,当秧盘偏移量处于较低水平并固定时,随着凸轮转速水平的增加,落点偏移量呈先缓慢下降后略有上升的趋势;当秧盘偏移量处于较高水平并固定时,随着凸轮转速水平的增加,落点偏移量呈缓慢上升的趋势。当凸轮转速固定时,随着秧盘偏移量水平的增加,落点偏移量呈先下降后上升趋势,但幅度均不大。由图可知,落点偏移量最小值出现在秧盘偏移量为 0 水平,凸轮转速为 0 水平时。由各因素的贡献率和交互作用可知,对落点偏移量影响的大小顺序为秧盘偏移量 > 凸轮转速。

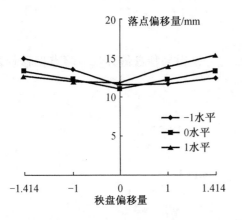

图 10 - 43 秧盘偏移量对落点偏移量的影响

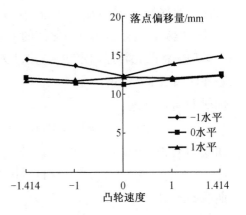

图 10 - 44 凸轮转速对落点偏移量的影响

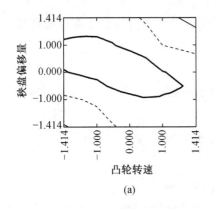

(a)

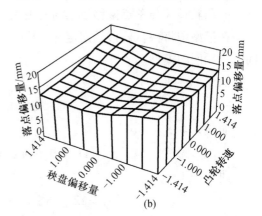

(b)

图 10 - 45 秧盘偏移量与凸轮转速对落点偏移量的影响

由于试验中损伤率和破碎率几乎为零,因此秧盘偏移量和凸轮转速对其的影响忽略不计。

(5)性能指标优化

根据播种装置的播种性能要求,分别以单粒率、空穴率、多粒率和落点偏移量为播种性能指标的回归方程作为目标函数,其他回归方程作为约束条件,设计优化模型如下。

①以单粒率为目标函数,得到优化模型为

max　$90.758\,75 - 1.535\,81x_1 - 1.714\,15x_2 - 3.814\,38x_1^2 - 9.241\,88x_2^2 - 2.787\,50x_1x_2$

s.t.　$0 \leqslant 7.115\,00 + 1.898\,09x_1 + 5.475\,00x_2^2 + 1.300\,00x_1x_2 \leqslant 10$

　　　$0 \leqslant 1.501\,25 + 1.236\,19x_2 + 4.651\,87x_1^2 + 4.079\,37x_2^2 + 1.487\,50x_1x^2 \leqslant 15$

　　　$0 \leqslant 11.219\,76 + 0.167\,83x_2 + 1.117\,20x_1^2 + 0.549\,19x_2^2 + 0.918\,57x_1x_2 \leqslant 15$

　　　$-1.414 \leqslant x_1 \leqslant 1.414$

　　　$-1.414 \leqslant x_2 \leqslant 1.414$

②以空穴率为目标函数,得到优化模型为

min　$7.115\,00 + 1.898\,09x_1 + 5.475\,00x_2^2 + 1.300\,00x_1x_2$

s.t.　$80 \leqslant 90.758\,75 - 1.535\,81x_1 - 1.714\,15x_2 - 3.814\,38x_1^2 - 9.241\,88x_2^2 - 2.787\,50x_1x_2 \leqslant 100$

　　　$0 \leqslant 1.501\,25 + 1.236\,19x_2 + 4.651\,87x_1^2 + 4.079\,37x_2^2 + 1.487\,50x_1x^2 \leqslant 15$

　　　$0 \leqslant 11.219\,76 + 0.167\,83x_2 + 1.117\,20x_1^2 + 0.549\,19x_2^2 + 0.918\,57x_1x_2 \leqslant 15$

　　　$-1.414 \leqslant x_1 \leqslant 1.414$

　　　$-1.414 \leqslant x_2 \leqslant 1.414$

③以多粒率为目标函数,得到优化模型为

min　$1.501\,25 + 1.236\,19x_2 + 4.651\,87x_1^2 + 4.079\,37x_2^2 + 1.487\,50x_1x^2$

s.t.　$80 \leqslant 90.758\,75 - 1.535\,81x_1 - 1.714\,15x_2 - 3.814\,38x_1^2 - 9.241\,88x_2^2 - 2.787\,50x_1x_2 \leqslant 100$

　　　$0 \leqslant 7.115\,00 + 1.898\,09x_1 + 5.475\,00x_2^2 + 1.300\,00x_1x_2 \leqslant 10$

　　　$0 \leqslant 11.219\,76 + 0.167\,83x_2 + 1.117\,20x_1^2 + 0.549\,19x_2^2 + 0.918\,57x_1x_2 \leqslant 15$

　　　$-1.414 \leqslant x_1 \leqslant 1.414$

　　　$-1.414 \leqslant x_2 \leqslant 1.414$

④以落点偏移量为目标函数,得到优化模型为

min　$11.219\,76 + 0.167\,83x_2 + 1.117\,20x_1^2 + 0.549\,19x_2^2 + 0.918\,57x_1x_2$

s.t.　$80 \leqslant 90.758\,75 - 1.535\,81x_1 - 1.714\,15x_2 - 3.814\,38x_1^2 - 9.241\,88x_2^2 - 2.787\,50x_1x_2 \leqslant 100$

　　　$0 \leqslant 7.115\,00 + 1.898\,09x_1 + 5.475\,00x_2^2 + 1.300\,00x_1x_2 \leqslant 10$

　　　$0 \leqslant 1.501\,25 + 1.236\,19x_2 + 4.651\,87x_1^2 + 4.079\,37x_2^2 + 1.487\,50x_1x^2 \leqslant 15$

　　　$-1.414 \leqslant x_1 \leqslant 1.414$

　　　$-1.414 \leqslant x_2 \leqslant 1.414$

借助 MATLAB 优化求解后,得到不同目标函数下的最佳参数组合方案,如表 10-14 所示。

表 10-14 表明了不同性能指标作为目标函数时的最佳参数组合方案。由于性能指标中单粒率和空穴率尤为重要,因此综合来看秧盘偏移量多数接近 0 水平,凸轮转速接近 0 水平。得出装置的优化参数组合方案为:秧盘偏移量取 0 水平即 30 mm,凸轮转速取 0 水平,即凸轮转速 11 r/min。

表 10 – 14　不同目标函数的最佳参数组合方案

目标函数	秧盘偏移量 x_1		凸轮转速 x_2	
	因素水平	实际值/mm	因素水平	实际值/(r·min^{-1})
单粒率	– 0.177 2	28.759 6	– 0.066 0	10.802 0
空穴率	– 1.414 0	20.000 0	0.167 9	11.503 7
多粒率	0.025 0	30.175 0	– 0.156 1	10.531 7
落点偏移量	0.095 2	30.666 4	– 0.232 1	10.303 7

（6）验证试验

根据参数优化组合方案结果进行验证试验。当型孔板厚度为 6 mm、型孔直径为 14 mm、秧盘偏移量为 30 mm，凸轮转速为 11 r/min，其他试验参数不变时进行试验，重复 5 次取平均值。试验结果为单粒率为 89.51%，空穴率为 6.41%，多粒率为 2.64%，落点偏移量为 11.31 mm，损伤率为 0.20%，破碎率为 1.24%，满足精量播种技术要求。

10.5　不同品种玉米芽种播种性能对比分析

对三个品种玉米的播种验证试验结果进行对比分析，结果如图 10 – 46 ~ 图 10 – 49 所示。由图可见，各品种播种性能指标均满足精量播种的技术要求。按主要性能指标来看：单粒率最高的品种为龙单 47，其次为德美亚 1 号，两者相差不大；空穴率最低的品种为德美亚 1 号；多粒率最低的为龙单 47；落点偏移量最小的为德美亚 1 号。因此，综合来看在这三个玉米品种中，德美亚 1 号的播种性能指标最好；其次为龙单 47；然后是先玉 335。

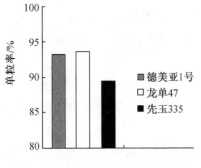

图 10 – 46　不同品种时的单粒率对比

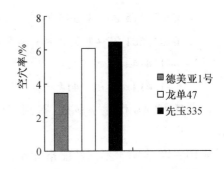

图 10 – 47　不同品种时的空穴率对比

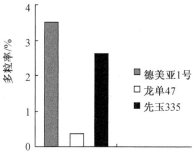
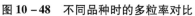

图 10-48 不同品种时的多粒率对比

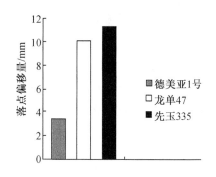

图 10-49 不同品种时的落点偏移量对比

10.6 小 结

（1）选择秧盘偏移量作为因素进行单因素试验研究，当秧盘偏移量为 0 mm、5 mm、10 mm、20 mm、30 mm、40 mm、50 mm 时，分析其对播种性能指标的影响。结果为：德美亚 1 号，当秧盘偏移量为 30 mm 时，单粒率 91.43%，多粒率 3.81%，空穴率 4.76%，损伤率 0，破碎率 0.95%，落点偏移量 10.8 mm。龙单 47 当秧盘偏移量为 20 mm 时，单粒率 93.39%，多粒率 0.41%，空穴率 6.20%，损伤率 0，破碎率 0.41%，落点偏移量 10.01 mm。先玉 335，当秧盘偏移量为 30 mm 时，单粒率 90.98%，多粒率 1.95%，空穴率 6.97%，损伤率 0，破碎 0.94%。秧盘偏移量与芽种落点偏移量的曲线经拟合符合 Peal-Reed 模型，相关系数很高，均大于 0.997。

（2）选取秧盘偏移量和凸轮转速两因素，以单粒率、空穴率、多粒率、损伤率、破碎率和落点偏移量为播种性能指标，进行两因素五水平的正交旋转组合试验。结果如下：

①德美亚 1 号，对单粒率、空穴率和多粒率影响的因素主次顺序均为凸轮转速＞秧盘偏移量。对落点偏移量影响的因素主次顺序为秧盘偏移量＞凸轮转速。

②龙单 47，对单粒率和空穴率影响的因素主次顺序均为凸轮转速＞秧盘偏移量。对多粒率和落点偏移量影响的因素主次顺序为秧盘偏移量＞凸轮转速。

③先玉 335，对单粒率、空穴率和多粒率影响的因素主次顺序均为凸轮转速＞秧盘偏移量。对落点偏移量影响的因素主次顺序为秧盘偏移量＞凸轮转速。

由于试验中各品种玉米芽种的损伤率和破碎率均几乎为零，但相对来说先玉 335 的破碎率要相对高一些。经回归分析不显著，因此秧盘偏移量和凸轮转速对损伤率和破碎率的影响忽略不计。

（3）根据精量播种装置的性能要求，本文利用主目标函数法分别以单粒率、空穴率、多粒率和芽种落点偏移量为性能指标的回归方程作为目标函数，其他剩余的回归方程作为约束条件，设计优化模型，借助 MATLAB 软件求解。综合考虑后得出优化参数组合为：德美亚 1 号，秧盘偏移量 26.5 mm，凸轮转速 13 r/min；龙单 47，秧盘偏移量 20 mm，凸轮转速

9 r/min;先玉 335,秧盘偏移量 14 mm,凸轮转速 11 r/min。三个玉米品种根据各自的优化参数进行验证试验,试验结果为:德美亚 1 号,单粒率 93.08%,空穴率 3.41%,多粒率 3.51%,落点偏移量 9.03 mm,损伤率 0,破碎率 0;龙单 47,单粒率 93.51%,空穴率 6.07%,多粒率 0.36%,落点偏移量 10.12 mm,损伤率 0,破碎率 0.06%;先玉 335,单粒率 89.51%,空穴率 6.41%,多粒率 2.64%,落点偏移量 11.31 mm,损伤率 0.20%,破碎率 1.24%。结果均满足精量播种技术要求。

(4)对德美亚 1 号、龙单 47 和先玉 335 的播种性能指标进行了对比分析。结果表明:性能指标均满足精量播种的技术要求,播种性能最好的为德美亚 1 号,其次为龙单 47,最后是先玉 335。

第11章 结 论

本书以几种常用寒地玉米品种为研究对象,通过理论分析与试验相结合的方法对其芽种的物理特性、压缩特性、剪切与拉伸特性、应力松弛与损伤特性等力学特性进行试验研究与分析。对设计的玉米芽种植质钵育秧盘精量播种装置进行了深入的理论、仿真和试验研究,得出结论如下。

(1)本书以适宜寒地种植的德美亚1号、龙单47、先玉335、垦沃3和先锋38P05五个玉米品种为研究对象,对其芽种的物理几何特征、千粒重、滑动摩擦角、自然休止角进行了测定和分析。

(2)本书利用万能拉压试验机进行压缩试验,得到三种芽种平放、立放、侧放放置时,芽种所能承受最大压缩载荷及其大小;获得了含水率、品种对芽种所受压缩载荷、应力、弹性模量、抗压强度、破坏能的影响,及各数据参数回归模型及相关系数。具体结论如下。

①以德美亚1号芽种为例,随载荷增大,形变量增大。芽种所能承受压缩载荷大小排序为平放>侧放>立放,分别为227.48 N、67.06 N和31.51 N,当芽种所承受载荷到临界载荷时,芽种破裂,载荷迅速减小。

②随芽种含水率增加,三种放置方式芽种承受载荷的能力均降低。同时,弹性模量、破坏能、破坏载荷和抗压强度等参数随含水率增加而减小,这表明随着芽种含水率增加,芽种承压能力减小,易破损。

③玉米品种对芽种压缩特性亦有影响。在压缩条件相同时,德美亚1号的弹性模量、破坏能、破坏载荷和抗压强度等压缩特性均最大,分别为21.50 MPa、332.6 N·mm、206.3 N、4.29 MPa;垦沃3次之分别为10.50 MPa、235.3 N·mm、112.9 N、2.35 MPa;先锋38P05最小,分别为9.6 MPa、221.4 N·mm、105.6 N、2.2 MPa。

(3)本书利用万能试验机进行剪切试验,获得芽种基体与芽体的载荷与位移、位移与时间、应力与应变特性关系曲线及含水率与剪切强度、弹性模量的关系曲线,进而用DPS建立芽种的基体与芽体回归模型,并获取相关系数。试验表明:

①以德美亚1号芽种为例,芽种基体剪切与芽种芽体剪切载荷-位移、应力-应变曲线变化规律,均表现为随着形变量增加,所受载荷与应力先增大后减小,当芽种基体与芽体断裂时数值迅速减小。得到基体剪切位移在1.63 mm时,出现最大载荷40 N,应变为0.204时,应力达到最大值0.84 MPa。芽体在剪切位移为0.83 mm时,出现最大剪切载荷,为1.19 N,应变在0.104时,出现试验最大应力0.025 MPa。基体所能承受的剪切载荷是芽体的34倍左右。

②不同品种芽种剪切曲线变化趋势与德美亚1号芽种类似。但所能承受剪切载荷小于德美亚1号。德美亚1号芽种基体的剪载荷,为36.8 N,先锋38P05为24.3 N,垦沃3为19.3 N。德美亚1号芽种芽体的剪切载荷在三个品种中亦最大,为1.19 N,先锋38P05和

垦沃 3 的剪切载荷相近,为 1.03 N 左右。

③芽种的剪切特性与含水率有密切联系,随着含水率的增大,最大破坏载荷减小。含水率越高,剪切时需要的外力越小。含水率与品种对剪切特性的影响均为极显著。

(4)本书利用万能试验机对玉米芽种芽体进行拉伸试验,获得单个芽体位移 – 载荷曲线及含水率或品种对拉伸相关参数,如破坏力、拉伸强度、弹性模量等指标的影响规律和具体数值,利用 DPS 建立回归模型,结论如下。

①德美亚 1 号芽体的破坏力、拉伸强度、弹性模量均随着含水率的增加而减小,且影响均为极显著。

②品种不同的芽体拉伸特性不同。抗拉载荷:先锋 38P05 芽种最大,为 1.232 N;德美亚 1 号其次为 1.163 N;垦沃 3 最小为 0.997 N。抗拉强度:先锋 38P05 芽种最大,为 0.098 MPa;德美亚 1 号次之,为 0.09 MPa;垦沃 3 最小,为 0.08 MPa。剪切模量:先锋 38P05 芽种最大,为 2.86 MPa;德美亚 1 号次之,为 2.48 MPa;垦沃 3 最小,为 2.388 MPa。

(5)本书利用万能试验机对玉米芽种进行应力松弛伸试验,获取单个芽种时间 – 松弛应力曲线,及不同试验条件下的时间 – 松弛应力曲线。以 Maxwell 和 Z 变换法为手段,获取三单元松弛模量和松弛时间性能指标,得到含水率对性能指标的影响规律,得到不同品种的指标参数值。具体结论如下。

①应力松弛曲线为一条先快速降低而后趋于平稳的指数曲线,且随着变形量增加松弛应力越大,随着含水率增加,松弛应力减小,松弛时间减小,应力变化范围小于 0.1 MPa,曲线符合 Richards 模型。

②芽种品种对松弛模量与松弛时间有影响,垦沃 3 的松弛模量最大,为 10.5 MPa,德美亚 1 号次之,为 8.59 MPa,先锋 38P05 最小,为 7.27 MPa。德美亚 1 号的松弛时间最长,为 804.7 s,应力衰减速度最慢,垦沃 3 次之,为 593.25 s,先锋 38P05 最小为 564 s。

③芽种含水率对松弛模量与松弛时间均为极显著,芽种品种对松弛时间为极显著,对松弛模量无显著影响。

(6)本书通过予以芽种不同压缩载荷,得到含水率一定时,不同品种芽种的成活率曲线及得到品种一定时,不同含水率芽种的成活率曲线,具体结论如下。

①三个芽种随损伤载荷增大,成活率逐渐降低。德美亚 1 号品种在载荷 100 N 以前,成活率为 100%,从 100 N 之后,成活率逐步降低,垦沃 3 芽种在压缩载荷 125 N 前,成活率大于 80%,而后快速减小,压缩载荷在 175 N 时,芽种全部损坏,成活率为 0。先锋 38P05 在压缩载荷 50 N 之前成活率大于 80%,而后减小,在 175 N 时芽种全部损坏。德美亚 1 号芽种在每个压缩载荷条件下的成活率明显大于垦沃 3,先锋 38P05 最小。

②以德美亚 1 号芽种为例,得到了随着含水率增加,芽种所能承受破坏载荷增大。压缩载荷小于 100 N 时,含水率 30.2% 和 42.1% 芽种成活率为 100%。压缩载荷增大,成活率逐步降低,含水率为 42.1%,压缩载荷超过 250 N 时,芽种全部破碎,成活率为 0,含水率为 30.2%,压缩载荷为 275 N 时,芽种全部破碎,成活率为 0。

(7)本书对玉米芽种钵盘精量播种装置建立了囊种过程芽种的运动模型,得到了芽种的运动轨迹方程。确定了囊种的状态概率,玉米芽种囊种后型孔内状态概率最大的为"平躺"，在 0.42 以上；其次为"侧卧"，在 0.31 以上；最后是"竖立"，在 0.23 以上。本书建立了"平躺"和"侧卧"状态下的型孔直径与种箱速度的关系模型，并根据玉米芽种尺寸和囊种状态确定了型孔直径取值为 13~8 mm 和型孔板厚度取值为 5~9 mm。

（8）本书选择型孔板厚度、型孔直径和种箱速度为因素进行了单因素试验研究。在单因素试验研究的结果基础上选取型孔直径和种箱速度两个试验因素，以单粒率、多粒率、空穴率、损伤率和破碎率为囊种性能指标，采用两因素五水平的正交旋转组合设计的试验方案进行多因素试验研究。结论如下。

①确定了各品种玉米芽种不同因素对性能指标的影响规律，并得出：对单粒率、空穴率和多粒率影响的因素主次顺序。德美亚 1 号均为型孔直径＞种箱速度。龙单 47 均为型孔直径＞种箱速度，但两因素对多粒率影响程度相差不大。先玉 335 均为型孔直径＞种箱速度，但两因素对多粒率影响程度相差甚微。由于试验中各品种玉米芽种的损伤率和破碎率均几乎为零，回归分析不显著，因此型孔直径和种箱速度对其的影响可忽略不计。

②利用主目标函数法，对性能指标的回归方程建立优化模型，用 MATLAB 软件进行优化并经综合评定后得出优化参数组合。德美亚 1 号型孔直径为 14 mm，种箱速度为 0.119 m/s；龙单 47 型孔直径 14 mm，种箱速度 0.095 m/s；先玉 335：型孔直径为 14 mm，种箱速度为 0.101 m/s。通过验证试验，性能指标均满足精量播种技术要求。

（9）本书对玉米芽种精量播种装置投种过程建立了动力学和运动学模型，并用 MATLAB 软件进行了仿真分析。主要结论如下。

①建立了投种动力学模型，仿真结果表明芽种的运动位移、速度和加速度均随时间的增加呈先不变后快速增加趋势。转板角速度与时间，芽种运动速度与转板角速度的关系曲线变化趋势相同，均呈不断快速增加的趋势。随着转板角位移的增加，芽种运动位移一开始数值不变，然后缓慢增加，然后呈迅速上升趋势。

②建立了投种过程中玉米芽种的速度模型，仿真结果表明投种开始时，芽种先随转板转动，运动方向角变化缓慢，芽种的运动绝对速度虽增长但极为缓慢。随着时间的增长，当芽种开始滑移并脱离转板时，芽种运动方向角呈逐渐增大趋势。当芽种与转板脱离开始下落，芽种的运动绝对速度增幅较大。

③建立了投种过程中玉米芽种的加速度模型，仿真结果表明：随着位移的增长芽种的加速度主要呈逐渐上升趋势。芽种加速度与转板角位移和转板角速度的变化是类似的，随着转板角位移或角速度的增长芽种的水平加速度呈逐渐上升趋势，开始增加缓慢，后来增加速度较快。

④建立了玉米芽种脱离转板后的运动模型，仿真结果表明：芽种与转板分离后的运动轨迹为抛物线形状，其运动轨迹形状与分离时的芽种运动角和运动速度有直接关系。由于分离后的芽种只受重力，随着时间的增加其运动速度呈线性增加，轨迹偏移量也越来越大，对于其准确的落入秧盘穴孔中心的难度也将增大。

⑤建立了投种过程中玉米芽种与转板的分离条件模型，仿真结果表明：玉米芽种与转板的分离条件与转板角速度、角加速度和运动位移有直接关系。初始位移越小，所需分离角越大；反之，初始位移越大，所需分离角越小。而转板角速度越大，芽种与转板的分离角

越小。

（10）本书对德美亚1号、龙单47和先玉335三品种玉米芽种的投种过程进行了高速摄像观察与分析。主要结论如下。

①观察到玉米芽种在投种过程的运动轨迹明显分为三个阶段。第一阶段芽种随转板旋转，几乎没有相对运动；第二阶段芽种在转板上发生滑移，时间很短；第三阶段芽种从转板上脱离，呈抛物线状下落。

②通过对不同品种在不同凸轮转速下的投种轨迹、位移和速度等进行分析，发现其投种全轨迹曲线经拟合93.33%以上符合Peal–Reed模型，而第二第三阶段轨迹曲线经拟合均符合Yeild Density模型，相关系数在0.984以上。位移和速度变化趋势类似均是先几乎不变而后迅速增大的趋势。其中垂直位移明显大于水平位移，垂直速度大于水平速度。合速度曲线经拟合均符合Peal–Reed模型，相关系数在0.9716以上。观察发现当凸轮转速越大时，芽种投种时间越短，水平位移越小，但速度差异不大。

③对不同品种芽种在相同转速下的投种轨迹、位移和速度等进行对比分析。得出德美亚1号所需投种时间最长，其次为龙单47，而先玉335所需投种时间最短。

（11）本书选择秧盘偏移量为因素进行单因素试验研究。根据单因素试验结果，选取秧盘偏移量和凸轮转速两因素，以单粒率、空穴率、多粒率、损伤率、破碎率和落点偏移量为播种性能指标，进行两因素五水平的正交旋转组合试验。结果表明：

①德美亚1号和先玉335对单粒率、空穴率和多粒率影响的因素主次顺序均为凸轮转速＞秧盘偏移量，对落点偏移量影响的因素主次顺序为秧盘偏移量＞凸轮转速。龙单47对单粒率和空穴率影响的因素主次顺序均为凸轮转速＞秧盘偏移量，对多粒率和落点偏移量影响的因素主次顺序为秧盘偏移量＞凸轮转速。试验中各品种玉米芽种的损伤率和破碎率均几乎为零，但相对来说先玉335的破碎率要高一点，经回归分析不显著，因此秧盘偏移量和凸轮转速对损伤率和破碎率的影响忽略不计。

②利用主目标函数法，对性能指标的回归方程建立优化模型。利用MATLAB软件优化并经综合评定后确定优化参数组合。德美亚1号秧盘偏移量26.5 mm，凸轮转速13 r/min；龙单47秧盘偏移量20 mm，凸轮转速9 r/min；先玉335秧盘偏移量14 mm，凸轮转速11 m/s。通过验证试验，性能指标均满足精量播种技术要求。

③对不同品种芽种播种性能指标进行了对比分析，结果表明性能指标均满足精量播种技术要求。播种性能最优的为德美亚1号，其次为龙单47，最后为先玉335。

附录　本专著课题支撑情况详单

［1］　衣淑娟,毛欣,陶桂香,……,李衣菲,……黑龙江省自然基金面上项目(玉米芽种精量播种装置播种机理研究 E201331)

［2］　毛欣,杨立,刘海燕,……黑龙江省教育厅科学技术研究项目(玉米植质钵育秧盘单粒播种关键技术研究 12531458)

［3］　姜法竹,毛欣,衣淑娟,……高等学校博士学科点专项科研基金(玉米植质钵育秧盘播种装置机理及试验研究 20132305110003)

［4］　衣淑娟,陶桂香,赵斌,……,毛欣,……黑龙江省"百千万"工程科技重大专项支撑行动计划(智能免耕高速精量玉米播种施肥机研发 2020ZX17B01－3)

参 考 文 献

[1] 杜彦朝，赵伟，陈钢. 我国玉米单粒精播的发展趋势[J]. 种子世界，2010 (01)：1 - 5.

[2] 封俊，顾世康，曾爱军，等. 导苗管式栽植机的试验研究(Ⅰ)中国玉米育苗栽植机 械化的现状与问题[J]. 农业工程学报，1998，14(1)：103 - 107.

[3] 方宪法. 我国旱作移栽机械技术现状及发展趋势[J]. 农业机械，2010(1)：35 - 36.

[4] 北京市农机研究所朝阳区农机局. 悬挂四行玉米移栽机[J]. 粮油加工与食品机械， 1974(1)：1 - 5.

[5] 张德文. 1982 年西德慕尼黑国际农业博览会上的播种机械[J]. 粮油加工与食品机 械，1982(12)：1 - 8.

[6] YAZGI A, DEGIRMENCIOGLU A. Optimisation of the seed spacing uniformity performance of a vacuum-type precision seeder using response surface methodology [J]. Biosystems Engineering, 2007, 97(3)：347 - 356.

[7] 赵清华，田嘉海，万霖. 型孔尺寸对播种玉米精度的影响[J]. 黑龙江八一农垦大学 学报，1997(3)：39 - 45.

[8] 廖庆喜，高焕文，臧英. 玉米水平圆盘精密排种器型孔的研究[J]. 农业工程学报， 2003，19(2)：109 - 113.

[9] 廖庆喜，高焕文. 玉米水平圆盘精密排种器排种性能试验研究[J]. 农业工程学报， 2003，19(1)：99 - 103.

[10] 廖庆喜，高焕文. 玉米水平圆盘精密排种器种子破损试验[J]. 农业机械学报， 2003，34(4)：57 - 59.

[11] 崔和瑞，马跃进，马连元，等. 计算机模拟新型精密排种器充种力学数学模型的研 究[J]. 农业机械学报，1996(S1)：66 - 71.

[12] 夏连明，王相友，耿端阳，等. 丸粒化玉米种子精密排种器[J]. 农业机械学报， 2011，42(6)：53 - 57.

[13] 于建群，马成林，杨海宽，等. 组合内窝孔玉米精密排种器型孔的研究[J]. 吉林工 业大学自然科学学报，2000，30(1)：16 - 20.

[14] 于建群，马成林，左春柽，等. 组合内窝孔玉米精密排种器的试验研究[J]. 农业工 程学报，1997(4)：99 - 102.

[15] 于建群，马成林，左春柽. 组合内窝孔玉米精密排种器清种过程分析[J]. 农业机械 学报，2000，31(5)：35 - 37.

[16] 付威，李树峰，孙嘉忆，等. 强制夹持式玉米精量排种器的设计[J]. 农业工程学 报，2011，27(12)：38 - 42.

[17] KACHMAN S D, SMITH J A. Alternative measures of accuracy in plant spacing for planters using single seed metering [J]. Transaction of the ASAE, 1995, 38 (2): 379 – 387.

[18] KARAYEL D. Performance of a modified precision vacuum seeder for no-till sowing of maize and soybean[J]. Soil and Tillage Research, 2009, 104(1): 121 – 125.

[19] 盛江源, 高玉林. 种子在吸孔气流作用下受力的数学模型及其试验研究[J]. 吉林农业大学学报, 1989(1): 77 – 83, 107.

[20] 陈立东, 何堤, 谢宇峰, 等. 2QXP – 1 型气吸式排种器精播玉米的试验研究[J]. 农业机械, 2006(9): 131 – 132.

[21] CHAUDHURI D. Performance evaluation of various types of furrow openers on seed drills-a review [J]. Journal of Agricultural Engineering Research, 2001, 79(2): 125 – 137.

[22] SNYDER K A, HUMME J W. Low pressure air jet seed selection for planters[J]. Transactions of the ASAE, 1985, 28(1): 6 – 10.

[23] 马成林. 气吹式排种器充填原理的研究[J]. 农业机械学报, 1981(4): 1 – 12.

[24] 刘立晶, 刘忠军, 李长荣, 等. 玉米精密排种器性能对比试验[J]. 农机化研究, 2011, 33(4): 155 – 157, 194.

[25] 吴文福, 左春柽, 阎洪余, 等. YB – 2000 型简塑秧盘自动精密播种生产线的研制 [J]. 农业工程学报, 2001, 17(6): 69 – 72.

[26] 宋景玲, 闸建文, 张丽丽. 型孔板刷轮式苗盘精播装置的研究[J]. 农机化研究, 2002, 24(2): 85 – 86.

[27] 赵镇宏, 宋景玲, 邢丽荣. 型孔板刷轮式苗盘精播装置中刷种轮参数计算[J]. 农机化研究, 2004, 26(2): 167 – 168.

[28] 赵镇宏. 刷轮式苗盘精播装置型孔板型孔尺寸的确定[J]. 农业机械学报, 2005, 36 (3): 44 – 47.

[29] 宋景玲, 闸建文, 郭志东, 等. 半机械化玉米、棉花营养钵机具的研究[J]. 农业机械学报, 2001, 32(3): 119 – 121.

[30] 张波屏. 播种机械设计原理[M]. 北京: 机械工业出版社, 1982.

[31] TANG Q Y, ZHANG C X. Data processing system (DPS) software with experimental design, statistical analysis and data mining developed for use in entomological research [J]. Insect Science, 2013, 20(2): 254 – 260.

[32] BRACY R P, PARISH R L, MCCOY J E. Precision seeder uniformity varies with theoretical spacing[J]. Hort Technology, 1999, 9(1): 47 – 50.

[33] LAWSON G E. What's new in fluid drilling [Precision seeder to Sow individual seeds at definite pacings][J]. American Vegetable Grower & Greenhouse Grower, 1981, 29(4): 32 – 33.

[34] PARISH R L, BERGERON P E, BRACY R P. Comparison of vacuum and belt seeders for vegetable planting[J]. Applied Engineering in Agriculture, 1991, 7(5): 537 – 540.

［35］ 陈立东，何堤. 论精密排种器的现状及发展方向［J］. 农机化研究，2006，28（4）：16－18.

［36］ 廖庆喜，黄海东，吴福通. 我国玉米精密播种机械化的现状与发展趋势［J］. 农业装备技术，2006，32（1）：4－7.

［37］ 闸建文，孙鹏，宋景玲. 机械化制营养钵工艺的研究［J］. 农业工程学报，1999，15（1）：105－108.

［38］ 尹国洪，闸建文，宋景玲，等. 2ZBJ－50 机械化制钵机的研制［J］. 农机与食品机械，1998（3）：42－45.

［39］ 张守勤，马成林，马旭，等. 钵苗移栽机械发展战略探讨［J］. 农业机械学报，1993，24（1）：107－108.

［40］ 周祖良，钱简可. 指夹式玉米精量点播排种器的结构设计［J］. 黑龙江八一农垦大学学报，1984（2）：49－56.

［41］ MAK J，CHEN Y，SADEK M A. Determining parameters of a discrete element model for soil-tool interaction［J］. Soil and Tillage Research，2012，118：117－122.

［42］ OBERMAYR M，DRESSLER K，VRETTOS C，et al. Prediction of draft forces in cohesionless soil with the discrete element method［J］. Journal of Terramechanics，2011，48（5）：347－358.

［43］ 田嘉海，丁元贺，王志杰，等. 棱锥型孔式地膜覆盖玉米精量播种器的研究［J］. 农机化研究，1994（2）：19－24.

［44］ 李成华，马成林，于海业，等. 倾斜圆盘勺式玉米精密排种器的试验研究［J］. 农业机械学报，1999，30（2）：38－42.

［45］ 中国农业机械化科学研究院. 农业机械设计手册：上册［M］. 北京：中国农业科学技术出版社，2007：343－346.

［46］ 廖庆喜，舒彩霞. 我国玉米精密排种器的现状和发展趋势［J］. 农业机械，2003（8）：25－27.

［47］ 王吉奎，郭康权，土鲁洪，等. 夹持自锁式棉花精量穴播轮的研究［J］. 农业工程学报，2008，24（6）：125－128.

［48］ 刘佳，崔涛，张东兴，等. 玉米种子分级处理对气力式精量排种器播种效果的影响［J］. 农业工程学报，2010，26（9）：109－113.

［49］ 陈学庚，胡斌. 旱田地膜覆盖精量播种机械的研究与设计［M］. 乌鲁木齐：新疆科学技术出版社，2010.

［50］ 中国农业机械化科学研究院. 农业机械设计手册：下册［M］. 北京：中国农业科学技术出版社，2007：903－904.

［51］ 中华人民共和国国家质量监督检验检疫总局，中国国家标准化管理委员会. 单粒（精密）播种机试验方法：GB/T 6973—2005［S］. 北京：中国标准出版社，2006.

［52］ 中华人民共和国工业和信息化部. 单粒（精密）播种机技术条件：JB/T 10293—2013［S］. 北京：机械工业出版社，2013.

［53］ DU R C, GONG B C, LIU N N, et al. Design and experiment on intelligent fuzzy monitoring system for corn planters［J］. International Journal of Agricultural and Biological Engineering, 2013, 6(3): 11 - 18.

［54］ SINGH T P, MANE D M. Development and laboratory performance of an electronically controlled metering mechanism for okra seed［J］. Agricultural Mechanization in Asia, Africa and Latin America, 2011, 42(2): 63 - 69.

［55］ AL-YAMANIA A, MITRA S, MCCLUSKEY E J. Optimized reseeding by seed ordering and encoding［J］. Transactionson Computer-Aided Design of Integrated Circuits and Systems, 2005, 24(2): 264 - 270.

［56］ 何波, 李成华. 铲式成穴器工作过程的计算机辅助分析［J］. 中国农机化, 2005, 26 (2): 77 - 79.

［57］ 李成华, 夏建满, 何波. 倾斜圆盘勺式精密排种器清种过程分析与试验［J］. 农业机械学报, 2004, 35(3): 68 - 71.

［58］ 何波, 李成华, 张勇. 铲式玉米精密播种机的运动仿真［J］. 农机化研究, 2005, 27 (6): 78 - 81.

［59］ 李军, 邢文俊, 覃文洁. ADAMS 实例教程［M］. 北京: 北京理工大学出版社, 2002.

［60］ 李成华, 何波. 铲式玉米精密播种机仿真及虚拟设计研究［J］. 沈阳农业大学学报, 2005, 36(6): 643 - 649.

［61］ WANG Z L, FANG H X, CHAKRABARTY K, et al. Deviation-based LFSR reseeding for test-data compression［J］. IEEE Transactions on Computer-Aided Design of Integrated Circuits and Systems, 2009, 28(2): 259 - 271.

［62］ WANG Z L, CHAKRABARTY K, WANG S. Integrated LFSR reseeding, test-access optimization, and test scheduling for core-based system-on-chip［J］. IEEE Transactions on Computer-Aided Design of Integrated Circuits and Systems, 2009, 28 (1): 1251 - 1264.

［63］ 杨松华, 孙裕晶, 马成林, 等. 气力轮式精密排种器参数优化［J］. 农业工程学报, 2008, 24(2): 116 - 120.

［64］ 郭雪峰, 柳艳, 吉宁, 等. 基于 ADAMS 的勺式玉米精密排种器的优化分析［J］. 农业科技与装备, 2009(1): 47 - 49.

［65］ 谭穗妍, 马旭, 吴露露, 等. 基于机器视觉和 BP 神经网络的超级杂交稻穴播量检测［J］. 农业工程学报, 2014, 30(21): 201 - 208.

［66］ 马旭, 谢俊锋, 齐龙, 等. 水稻育秧播种机钵体苗底土压实装置［J］. 农业机械学报, 2014, 45(8): 54 - 60.

［67］ 李泽华, 马旭, 谢俊锋, 等. 双季稻区杂交稻机插秧低播量精密育秧试验［J］. 农业工程学报, 2014, 30(6): 17 - 27.

［68］ 齐龙, 谭祖庭, 马旭, 等. 气动振动式匀种装置工作参数的优化及试验［J］. 吉林大学学报(工学版), 2014, 44(6): 1684 - 1691.

[69] 赵学观,徐丽明,王应彪,等. 基于 Fluent 与高速摄影的玉米种子定向吸附研究 [J]. 农业机械学报,2014,45(10):28.

[70] 朱瑞祥,葛世强,翟长远,等. 大籽粒作物漏播自补种装置设计与试验[J]. 农业工程学报,2014,30(21):1-8.

[71] 丛锦玲,廖庆喜,曹秀英,等. 油菜小麦兼用排种盘的排种器充种性能[J]. 农业工程学报,2014,30(8):30-39.

[72] 楚杰,路海东,薛吉全,等. 玉米宽窄行深旋免耕精量播种机田间试验及效果[J]. 农业工程学报,2014,30(14):34-41.

[73] 王永维,曹林,王俊,等. 气吸式水稻育秧整盘播种机吸孔流场模拟与播种试验 [J]. 农业机械学报,2014,45(4):96-102.

[74] 张晓冬,李成华,李建桥,等. 铲式玉米精密播种机振动特性模型建立与试验[J]. 农业机械学报,2014,45(2):88-93.

[75] 胡建平,周春健,候冲,等. 磁吸板式排种器充种性能离散元仿真[J]. 农业机械学报,2014,45(2):94-98.

[76] 丛锦玲,余佳佳,曹秀英,等. 油菜小麦兼用型气力式精量排种器[J]. 农业机械学报,2014,45(1):46-52.

[77] 张国忠,罗锡文,臧英,等. 水稻气力式排种器群布吸孔吸种盘吸种精度试验[J]. 农业工程学报,2013,29(6):13-20.

[78] 杨艳丽,辜松,李恺,等. 大粒种子定向精量播种装置参数优化试验[J]. 农业工程学报,2013,29(13):15-22.

[79] 姜凯,张骞,王秀. 机械式自清洁播种头设计与试验[J]. 农业工程学报,2013,29(20):18-23.

[80] 张欣悦,李连豪,汪春,等. 2BS-420 型水稻植质钵育秧盘精量播种机[J]. 农业机械学报,2013,44(6):56-61.

[81] 陶桂香,衣淑娟,毛欣,等. 水稻植质钵盘精量播种装置投种过程的动力学分析 [J]. 农业工程学报,2013,29(21):33-39.

[82] 陶桂香,衣淑娟,汪春,等. 水稻钵盘精量播种机充种性能试验[J]. 农业工程学报,2013,29(8):44-50.

[83] 赵武云,戴飞,杨杰,等. 玉米全膜双垄沟直插式精量穴播机设计与试验[J]. 农业机械学报,2013,44(11):91-97.

[84] 赵晓顺,于华丽,张晋国,等. 槽缝气吸式小麦精量排种器[J]. 农业机械学报,2013,44(2):48-51.

[85] 刘英楠,衣淑娟,陶桂香. 板齿式轴流装置脱粒过程高速摄像分析[J]. 农机化研究,2014,36(9):164-168.

[86] 姜楠,衣淑娟,张莉莉,等. 钉齿式轴流装置脱出物下落过程的高速摄像分析[J]. 农机化研究,2013,35(5):57-59.

[87] 汪建新,张广义,曹丽英. 新型锤片式饲料粉碎机分离流道内物料运动规律[J]. 农

业工程学报, 2013, 29(9): 18 - 23.

[88] 崔涛, 刘佳, 杨丽, 等. 基于高速摄像的玉米种子滚动摩擦特性试验与仿真[J]. 农业工程学报, 2013, 29(15): 34 - 41.

[89] 赵学观, 徐丽明, 王应彪, 等. 基于 Fluent 与高速摄影的玉米种子定向吸附研究[J]. 农业机械学报, 2014, 45(10): 28.

[90] 胡建平, 郭坤, 周春健, 等. 磁吸滚筒式排种器种箱振动供种仿真与试验[J]. 农业机械学报, 2014, 45(8): 61 - 65.

[91] 杜小强, 肖梦华, 胡小钦, 等. 贯流式谷物清选装置气固两相流数值模拟与试验[J]. 农业工程学报, 2014, 30(3): 27 - 34.

[92] 王文明, 王春光, 郁志宏. 弹齿滚筒式捡拾装置捡拾过程的高速摄像分析[J]. 农机化研究, 2013, 35(7): 160 - 163.

[93] 胡小钦, 杜小强, 肖梦华, 等. 新型贯流式谷物清选装置中物料运动轨迹试验研究[J]. 浙江理工大学学报, 2013, 30(5): 693 - 697.

[94] 权龙哲, 张丹, 曾百功, 等. 玉米根茬抖动升运机构的建模与优化[J]. 农业工程学报, 2013, 29(3): 23 - 29.

[95] 叶秉良, 刘安, 俞高红, 等. 蔬菜钵苗移栽机取苗机构人机交互参数优化与试验[J]. 农业机械学报, 2013, 44(2): 57 - 62.

[96] 宗望远, 廖庆喜, 黄鹏, 等. 组合式油菜脱粒装置设计与物料运动轨迹分析[J]. 农业机械学报, 2013, (S2): 41 - 46.

[97] 祁兵, 张东兴, 崔涛. 中央集排气送式玉米精量排种器设计与试验[J]. 农业工程学报, 2013, 29(18): 8 - 15.